AF341287

LA FRANCE ET LE CANADA

RAPPORT

AU

SYNDICAT MARITIME ET FLUVIAL

DE

FRANCE

PAR

E. AGOSTINI

ANCIEN COMMISSAIRE GÉNÉRAL DE L'EXPOSITION INTERNATIONALE
D'AMSTERDAM 1883, DÉLÉGUÉ DU SYNDICAT AU CANADA

1886

A Monsieur PAUL CASIMIR-PÉRIER,

DÉPUTÉ DE LA SEINE-INFÉRIEURE,
PRÉSIDENT DU SYNDICAT MARITIME ET FLUVIAL DE FRANCE.

Monsieur le Président,

Je vous remets ci-joint mon rapport sur le Canada où le Syndicat Maritime et Fluvial de France m'avait fait l'honneur de me déléguer pour le voyage du mois d'août dernier.

Un séjour de cinq mois dans ce pays, que j'ai parcouru un peu dans tous les sens, m'a permis de consigner dans ce travail des données que je crois intéressantes pour bon nombre de nos compapatriotes.

Je me suis également efforcé d'exposer brièvement ce qu'il me paraît y avoir à faire pour mettre à profit, par des actes désirables à tous points de vue, les vives et nombreuses sympathies que la France rencontre encore de l'autre côté de l'Atlantique, chez les descendants de ses enfants.

Puissent ces quelques pages concourir à l'œuvre de rapprochement que les Canadiens ont tant à cœur de voir se réaliser et à laquelle beaucoup des nôtres pourraient utilement participer avec l'ambition d'assurer à notre Patrie une place digne d'elle dans ce grand pays d'aujourd'hui, chez ce grand peuple de demain, qui, malgré le temps et l'éloignement, a conservé et conservera en tous cas de nombreux cœurs français.

Veuillez agréer, Monsieur le Président, l'assurance de ma sincère gratitude pour la confiance dont vous avez bien voulu m'honorer, et l'expression de mes sentiments de respectueux dévouement.

E. AGOSTINI.

61 Avenue de Wagram,
    Paris, le 26 avril 1886.

SYNDICAT MARITIME ET FLUVIAL
DE FRANCE.
HOTEL DES CHAMBRES SYNDICALES,
10 RUE DE LANCRY.

PARIS, 2 MAI 1886.

Monsieur,

J'ai reçu le rapport que vous avez bien voulu m'envoyer, et qui résume les études poursuivies par vous, l'an dernier, pendant un séjour de cinq mois au Canada.

En lisant ce travail considérable et si substantiel, où les vues élevées et les conseils judicieux s'appuient sur un ensemble de documents et de faits recueillis avec un soin scrupuleux, tous mes collègues du syndicat se féliciteront avec moi d'avoir pu déléguer, pour cette œuvre internationale, l'homme de dévouement et d'initiative dont la rare compétence, le talent et l'ardeur patriotique devaient leur faire si grand honneur.

La publication de ce rapport ne peut manquer de produire une vive impression dans notre monde industriel et commercial ; elle y suscitera l'émulation et ranimera l'esprit d'entreprise ; elle y provoquera d'énergiques efforts pour la création et l'entretien des échanges directs entre la France et le Canada.

Comme nous le savions depuis longtemps, et comme vous en avez pu rassembler tant de preuves nouvelles, d'anciennes et profondes sympathies nous appellent dans ce grand pays, et les nôtres y répondent chaleureusement ; mais pour que tous ces vœux ne restent pas stériles, il faut au moins faire notre bonne part du chemin, au-devant de ceux qui nous tendent les bras.

A cet heureux rapprochement, vous aurez apporté, Monsieur, le concours le plus vaillant et le plus méritoire.

Au nom du Syndicat que j'ai l'honneur de présider, veuillez en agréer les plus vifs compliments, et l'assurance de notre parfaite gratitude.

J'y veux joindre l'expression toute personnelle et cordiale de mes sentiments les plus distingués.

PAUL CASIMIR-PÉRIER,

Député de la Seine-Inférieure,

Président du Syndicat Maritime et Fluvial de France.

A Monsieur EDOUARD AGOSTINI,

Délégué du Syndicat Maritime et Fluvial de France

au Canada.

I

COUP D'ŒIL HISTORIQUE

Le Canada fut la première colonie fondée par la France.

Jacques Cartier, parti de Saint-Malo, le 20 avril 1534, pour aller à la découverte de nouveaux territoires, débarquait le 16 juillet suivant sur les rivages de la Gaspésie, où il prit possession, au nom du roi de France, de ce sol qui n'avait encore été foulé par le pied d'aucun européen.

Il revint ensuite rendre compte de sa mission, et le 19 mai 1535 il appareillait de nouveau pour pousser plus loin ses explorations et remonter le Saint-Laurent.

En 1541, le Sieur de Roberval fut nommé Gouverneur des Terres Neuves d'Amérique ; mais ces premières tentatives de colonisation ayant échoué, il faut attendre l'année 1603 pour trouver la base de notre établissement dans le Nouveau-Monde, par la concession octroyée à Pierre du Guast, sieur de Monts, que le roi Henri IV nomma ensuite Lieutenant-Général de la *Nouvelle France.*

Le sieur de Monts, après un premier voyage au Canada, délégua ses pouvoirs à son Lieutenant, Samuel de Champlain, qui est réellement le fondateur de la colonie.

Citons ici le premier habitant blanc du Canada (1617) l'apothicaire Hébert, de Paris, qui fut avec son gendre, Guillaume Couillard, propriétaire de toute la Haute-Ville de Québec. (1)

(1) Dictionnaire Généalogique des familles Canadiennes par l'abbé Cyprien Tanguay. Cette œuvre gigantesque dont les premiers volumes sont achevés, constitue un travail unique au monde : la généalogie complète de tout un peuple issu de notre sang, dans lequel on trouve côte à côte les noms de la plus grande noblesse française et ceux des plus infimes roturiers qui ont travaillé ensemble à la fondation de ce grand pays.

Ce fut l'initiative privée qui fonda le Canada. Champlain n'était en effet que le fondé de pouvoirs d'une compagnie de marchands. Son caractère officiel n'était en résumé qu'un titre sans valeur, jusqu'au jour où le cardinal de Richelieu s'intéressant, après le prince de Condé et le duc de Montmorency, aux doléances de Champlain, forma "la *Compagnie des Cent Associés*" (1627), qui, contre l'octroi de privilèges exclusifs, s'engageait à transporter au Canada, dès la première année de son privilège, c'est-à-dire, dans le courant de 1628, deux ou trois cents ouvriers de professions diverses et quatre mille colons des deux sexes, dans l'espace de quinze années. Les colons devaient être français et catholiques. La Compagnie s'obligeait à les nourrir, à les entretenir pendant trois ans et à leur distribuer ensuite des terres défrichées, avec les premières semences nécessaires.

Pendant ce temps, la guerre ayant éclaté entre la France et l'Angleterre, celle-ci s'emparait de la ville de Québec (1629) qui ne retourna à la France qu'à la suite du traité de Saint-Germain-en-Laye (1632) par lequel l'Angleterre s'engageait à restituer à notre pays tout ce qu'elle avait conquis sur lui en Amérique.

En 1633, Champlain qui avait réussi à créer un sérieux mouvement d'émigration, retournait au Canada avec le titre de Gouverneur-général de la Nouvelle-France, où il mourut deux ans après, (1635).

Le fondateur de la colonie française, qui n'avait pas eu le temps d'asseoir son œuvre, avait amené une population d'origine européenne, qui ne dépassait pas deux cents âmes.

Vers cette époque s'établissaient les premières maisons d'éducation et plusieurs institutions charitables.

Les successeurs de Champlain, MM. de Montmagny, d'Ailleboust, de Lauzon, d'Argenson, etc., etc., eurent maille à partir avec les Indiens dont ils ne crurent pas devoir épouser les querelles intestines ; puis, la *Compagnie des Cent Associés* n'ayant pas tenu ses engagements fut dissoute (1663), et Colbert dota le Canada d'une constitution établissant un Conseil Souverain.

Malgré les événements, naissaient les villes de Montréal et de Trois-Rivières. Mgr de Laval Montmorency, envoyé au Canada en qualité de vicaire-apostolique, fondait le séminaire de Québec, (1663) pendant que les Sulpiciens devenaient, en vertu d'une charte royale, les administrateurs et les suzerains de l'Ile de Montréal.

Des dissensions ayant éclaté au sein du Conseil Souverain, il fallut en modifier la constitution, et le nouveau système fut inauguré en 1665, avec le marquis de Tracy, comme vice-roi. Monsieur de Tracy fit faire de grands progrès à la colonie. Ayant amené avec lui vingt-quatre compagnies du régiment de Carignan, il réduisit les tribus sauvages ennemies à l'impuissance, aidé aussi, disons-le, par la petite vérole qui décima les races aborigènes à cette époque.

Le comte de Frontenac administra la colonie de 1672 à 1682, et fut remplacé par M. de la Barre, dont la science maritime ne pouvait compenser un manque d'habileté administrative qui suscita le mécontentement général.

On ne fut pas plus heureux dans le choix de M. de Denonville, sous l'administration duquel eut lieu le massacre de Montréal (1689) par les Iroquois. Ce fut le signal de la guerre qui éclata entre la Colonie française et la Colonie anglaise de l'Amérique du Nord, cette dernière ayant pour alliée la terrible tribu sauvage. Il est bon en outre de noter qu'à cette époque la Nouvelle Angleterre comptait déjà 200,000 habitants, tandis que notre colonie n'avait qu'une population de 11,000 âmes.

Cependant, le comte de Frontenac qui revint une seconde fois au Canada (1689) pour succéder à M. de Denonville, organisa la défense, vaillamment secondé par ses lieutenants : MM. de Pontneuf, de St-Hélène, d'Ailleboust, de Hertel et d'Iberville, que sa bravoure avait fait surnommer le Cid du Canada. L'on dut rester sept années les armes à la main.

En 1697, le traité de Ryswyk mettait fin aux hostilités entre la France et l'Angleterre, en assurant aux deux nations les territoires que chacune d'elles possédait avant la guerre.

De plus, la Baie d'Hudson était cédée à la France.

M. de Frontenac mourut en 1698, après avoir préparé un traité de paix définitif avec les tribus indigènes. Ce fut sous son successeur, M. de Callières, que fut enterrée, selon la coutume indienne, la hache de combat qui avait ensanglanté l'Amérique du Nord pendant de si nombreuses années (1701).

Malheureusement, la guerre de la Succession d'Espagne qui éclata en Europe, eut son contre-coup en Amérique, et les deux colonies rivales reprirent les armes pour ne les déposer qu'en 1713, au traité d'Utrecht, par lequel la France abandonnait à l'Angleterre non-seulement la Baie d'Hudson, mais aussi l'Acadie.

Le Canada sortit épuisé de la lutte. Il ne comptait sous M. de Vaudreuil que 25,000 âmes, mais la paix y amena bientôt de nouveaux français gentilshommes, bourgeois et artisans.

M. de Beauharnois qui succéda à M. de Vaudreuil eut à son tour à soutenir une nouvelle guerre contre la colonie anglaise, et fut remplacé en 1747 par le comte de la Galissonnière, remplissant l'intérim de M. le marquis de la Jonquière, fait prisonnier par les Anglais en allant se mettre à la tête du gouvernement de la Nouvelle-France, où il ne put se rendre qu'après le traité d'Aix-la-Chapelle en 1749.

Le nouveau gouverneur mourut trois ans après et eut pour successeur le marquis Duquesne de Menneville (1752).

Dès 1754, il fallut reprendre les hostilités et commencer avec treize mille combattants la dernière lutte que les armes françaises soutinrent en Amérique.

En 1756, sous l'administration de Pierre Rigaud de Vaudreuil, le marquis de Montcalm arriva au Canada avec deux bataillons, en qualité de lieutenant-général des armées du roi, ayant pour lieutenants le chevalier de Lévis, le colonel de Bourlamaque et M. de Bougainville.

Dès ce moment la guerre se fit, pour ainsi dire, sans trève, et le rôle néfaste de l'intendant Bigot ne contribua pas peu aux revers des armées françaises.

Après de nombreux faits d'armes, en tête desquels il faut citer la bataille de Carillon, les deux généraux en chef, français et anglais, perdaient la vie dans les plaines d'Abraham (1759) et la ville de Québec capitulait.

Quelques mois plus tard, le 28 avril 1760, le chevalier de Lévis livrait, avec une poignée de héros, dans les mêmes plaines d'Abraham, le dernier combat où il défit les Anglais ; mais au lieu des secours attendus de France, les vaisseaux qui venaient d'Europe portaient le pavillon anglais et il fallut déposer les armes le 8 septembre 1760, après avoir encore essayé de résister dans Montréal.

Moins de trois ans après, le 10 février 1763, Louis XV cédait le Canada à l'Angleterre, par le traité de Paris.

A la suite du traité de Paris, tous les Français possédant quelques ressources retournèrent dans la mère-patrie ; et il ne resta au Canada que 63,000 habitants de notre sang, qui, groupés autour de leurs prêtres, résistèrent, dès le premier jour, à toute tentative d'assimilation avec les vainqueurs, et sûrent non seulement garder pour la France et léguer à leurs descendants le plus vif amour pour l'ancienne métropole, mais conquérir peu à peu et sans aucun secours la place qui leur est dûe sur ce sol arrosé du sang de leurs ancêtres, et par conséquent des nôtres.

Le clergé a joué, dès cette époque, un rôle patriotique qu'il serait injuste de ne pas reconnaître. Il a été sur le continent américain le fidèle gardien de notre langue, le plus zélé défenseur des traditions de notre race. Il a fait plus, il a compris que le jour viendrait où la France aurait besoin de se répandre hors d'Europe ; il a pressenti le moment de la pléthore du vieux-monde, et il a voulu que les efforts des siècles passés ne fussent pas entièrement perdus pour nous. Sans ressources, sans secours, en butte à toutes les tribulations et à toutes les oppressions, il a soutenu le courage des vaillants abandonnés à eux-mêmes, et fort du principe de l'Evangile, il a puisé dans cette parole : " *Croissez et multipliez*" les seuls éléments d'une vitalité puissante pour le pays. (1)

Les 63,000 Canadiens-français de 1763 se retrouvent aujourd'hui près de 2,000,000 ! Ils doublent en nombre tous les 28 ans. Qui oserait prétendre après cela que la race française n'est pas colonisatrice ?

Loyaux sujets de l'Angleterre, les Canadiens-français n'ont aucun esprit de retour vers l'ancienne mère-patrie, mais ils seraient fiers de la voir se souvenir d'un passé glorieux et prendre son rang

---

(1) **Parmi** les principaux membres du clergé canadien-français qui continuent l'œuvre de leurs devanciers, nous devons une mention spéciale à Sa Grandeur Monseigneur A. Taché, archevêque de Saint-Boniface, le propagateur et le défenseur de la race française dans le Manitoba ; au révérend Labelle, le populaire curé de Saint-Jérôme, surnommé, à bon droit, l'apôtre de la colonisation.

Nous citerons ensuite Monseigneur Fabre, évêque de Montréal, le révérend Ritchot, curé de Saint-Norbert, le révérend Prud'homme, curé de Sainte-Anne, etc., etc.

dans le vaste pays qui se forme, à la grandeur duquel ils travaillent, et où le Canada appelle tous les peuples.

De 1763 à 1774 le régime militaire et les lois britanniques furent en vigueur.

En 1774, "l'Acte de Québec" établissait le gouvernement civil absolu, avec le libre exercice du culte et l'usage des lois civiles françaises.

Cependant, les plus grands efforts étaient faits par les nouveaux gouvernants pour *anglifier* le pays.

Le 4 juillet 1776, Washington, aidé par Lafayette et Rochambeau, soulevait la Nouvelle-Angleterre, mais malgré les efforts de leurs voisins, les Canadiens-français restèrent fidèles au traité de Paris, et refusèrent la liberté qu'ils pouvaient conquérir en s'alliant aux fondateurs de la République Américaine.

Ils furent récompensés de leur loyauté par la tyrannique administration du général Haldimand, puis de Lord Dorchester.

Cependant, en 1791, la colonie fut divisée en deux provinces : Haut et Bas-Canada. On laissait la suprématie aux Anglais dans la première, et un semblant d'initiative aux Canadiens-français dans la seconde.

Les luttes intestines n'en devinrent que plus vives, les Canadiens-français restant toujours sur le terrain des légitimes revendications.

Les gouverneurs Prescott, Milnes et Craig ne furent pas moins durs que leurs prédécesseurs.

Enfin, Sir George Provost, gouverneur de 1811 à 1815, sut s'attirer les sympathies des Canadiens-français qui prirent même les armes pour la couronne britannique, en 1812, lors de la guerre entre l'Angleterre et les Etats-Unis.

De 1815 à 1822, les luttes de race et de religion recommencèrent avec plus d'ardeur, quand Lord Dalhousie, alors gouverneur, voulut doter le Canada d'une nouvelle constitution, réunissant les deux provinces sous une même administration, et donnant la prépondérance à l'élément anglais. Mais MM. Papineau et Nelson, qui se rendirent en Angleterre, parvinrent à faire échouer cette tentative.

De nouvelles vexations suscitées par Lord Dalhousie et ses successeurs Sir James Kempt et Lord Aylmer, un sanglant épisode qui eut lieu aux élections de 1831, surexcitaient le peuple ; cependant, l'Assemblée législative de Québec, voulant toujours rester sur le terrain constitutionnel, rédigea le manifeste des *quatre-vingt-douze résolutions*, qui fut envoyé à Londres, avec de nombreuses pétitions portant même beaucoup de signatures anglaises.

Ce fut en vain : le Bureau Colonial de Londres enterra la question, et le nouveau gouverneur, Lord Gosford, ne sut que créer de nouvelles complications.

Malgré les efforts de Mgr Lartigue, évêque de Montréal, et des chefs de l'opposition, l'insurrection éclata le 7 novembre 1837, et se répandit même dans le Haut-Canada ; mais les troupes anglaises s'en rendirent maîtresses en peu de temps, n'ayant devant elles qu'une poignée d'hommes armés de faulx, de fourches, de fusils de chasse et d'*un canon en bois !*

Douze des chefs furent condamnés à mort, et cette échauffourée n'eut pour résultat que l'oppression plus accentuée de l'élément français.

De nouveaux soulèvements, cruellement réprimés, eurent lieu en 1838 ; et le parlement anglais, sur le rapport de Lord Durham, qui n'avait été que quelques mois gouverneur du Canada, vota l'Union des Deux-Provinces, abolissant l'usage de la langue française (Acte d'Union de 1840).

Mais bientôt le développement prodigieux des Canadiens-français, (ils n'étaient alors que 850,000) offrit un réel danger pour l'avenir de la colonie, si le régime oppresseur continuait ses excès, et dès 1860, on étudiait les bases de la Confédération actuelle, qui fut votée par le parlement britannique en 1867, sous le nom " d'*Acte de l'Amérique Britannique du Nord.*"

Maintenant, les Canadiens-français ont recouvré le libre usage de leur langue qui est sur le pied d'égalité avec la langue anglaise, dans les actes officiels comme au parlement. Les immunités du traité de Paris ont été ratifiées, et toute la population du Canada jouit également des plus grandes libertés politiques et religieuses.

En 1867, la Confédération ne comprenait que la province d'Ontario (Haut-Canada), la province de Québec (Bas-Canada), la Nouvelle-Ecosse et le Nouveau-Brunswick. En 1870, la province de Manitoba, détachée des Territoires du Nord-Ouest, entre dans la Confédération, puis la Colombie Britannique en 1871, et enfin l'Ile du Prince-Edouard en 1873.

En 1870, la Compagnie de la Baie d'Hudson cédait au Canada les Territoires du Nord-Ouest.

De toutes les possessions britanniques de l'Amérique du Nord, l'Ile de Terre-Neuve est la seule qui ne fasse point partie de la Confédération.

II

APERÇU GÉNÉRAL

Le Canada, presque aussi grand que l'Europe, couvre une super-ficie de 3,470,392 milles carrés—(8,987,937 kil. carrés).—Situé au nord des Etats-Unis, il est borné à l'est par l'Océan Atlantique, à l'ouest par l'Océan Pacifique, au nord par le territoire de la Baie d'Hudson.

Au dénombrement de 1881, il comptait 4,324,810 habitants.

On peut dire que actuellement il a 4,500,000 habitants dont 1,500,000 Canadiens-français, (1) parlant notre langue, et ayant gardé intactes les traditions de notre race dans le Nouveau-Monde, où ils sont la dernière épave de notre prépondérance, et peut-être l'espoir d'une influence future de notre sang dans les destinées de l'Amérique.

Aujourd'hui colonie anglaise, le Canada jouit d'une autonomie complète. Le seul lien qui le rattache directement à la Couronne britannique est le gouverneur-général nommé par la reine d'Angleterre.

Le gouverneur-général (actuellement Lord Lansdowne, fils d'une française) est changé tous les cinq ans. Son traitement est à la charge du budget de la Confédération dont la principale et, pour ainsi dire, l'unique recette se trouve dans le revenu des douanes.

La population n'est astreinte à aucun impôt foncier, les villes seules lèvent une contribution sur les citoyens.

La Confédération est administrée par un conseil des ministres, choisis par le gouverneur-général dans la majorité du parlement, lequel est composé d'un Sénat de 77 membres, nommés à vie par le

(1) En outre, près de 500,000 Canadiens-français sont aux Etats-Unis.

POPULATION DU CANADA

D'APRÈS LE DERNIER RECENSEMENT—1881.

Nationalités.	Ontario.	Québec.	Nouvelle-Ecosse.	Nouveau-Brunswick	Ile du Prince-Edouard.	Manitoba	Territoires du Nord-Ouest.	Colombie anglaise	Totaux.
Français	102,743	1,073,820	41,219	56,635	10,751	9,949	2,896	916	1,298,929
Irlandais	627,262	124,749	66,067	101,284	25,415	10,173	281	3,172	957,403
Anglais	535,835	81,515	128,986	93,387	21,404	11,503	1,374	7,297	881,301
Ecossais	378,536	53,923	146,027	49,829	48,933	16,506	1,217	3,892	699,863
Allemands	188,394	8,943	40,065	6,310	1,076	8,652	21	858	254,319
Sauvages	15,325	7,515	2,125	1,401	281	6,767	49,472	25,661	108,547
Hollandais	22,163	776	2,197	4,373	292	506	11	94	30,412
Nègres	12,097	141	7,062	1,638	155	25	2	274	21,394
Gallois	6,397	351	1,138	1,474	164	103	1	299	9,947
Suisses	2,382	254	1,860	41	1	10		40	4,588
Chinois	22	7				4		4,350	4,383
Scandinaves	1,521	648	556	932	38	250	33	236	4,214
Italiens	687	745	153	59	21	41		143	1,849
Espagnols et Portugais	285	175	350	203	1	14		144	1,172
Autres origines	20,579	5,465	2,747	3,667	359	1,451	1,138	2,083	46,489
Habitants	1,923,228	1,359,027	440,572	321,233	108,891	65,954	56,446	49,459	4,324,810
Superficie en kilomètres.	263,473	488,676	54,146	70,378	5,524	319,075	6,902,721	883,944	8,987,937

gouverneur en conseil, et d'une Chambre des Communes comptant 211 membres désignés par les électeurs.

Chaque province a à sa tête un lieutenant-gouverneur, nommé par le gouvernement fédéral, un conseil législatif, composé de sénateurs à vie, et une assemblée législative éligible tous les quatre ans, à l'exception de celle de Québec qui dure cinq années.

Cependant, les provinces d'Ontario, de Manitoba, et la Colombie britannique n'ont pas de conseil législatif.

Le lieutenant-gouverneur est assisté d'un conseil des ministres.

Les législatures provinciales sont complètement indépendantes du parlement fédéral en ce qui regarde la législation civile et l'administration des terres qui leur appartenaient avant la Confédération. L'éducation et les institutions de bienfaisance ainsi que les institutions municipales entre autres sont de leur ressort.

Le gouvernement fédéral répartit les revenus entre les diverses provinces.

L'instruction primaire est obligatoire, c'est-à-dire que pour chaque enfant de 7 à 14 ans, le chef de famille est tenu de payer une contribution annuelle destinée à couvrir les frais des écoles du canton.

La milice est composée de volontaires. Les troupes régulières se sont retirées en 1871, sauf une garnison de 2,000 hommes entretenue à Halifax aux frais du gouvernement britannique.

Le réseau des chemins de fer canadiens comprend actuellement environ 16,900 kilomètres de voies ferrées, et le réseau télégraphique plus de 25,000 milles de fils.

A l'aide des canaux, la navigation intérieure peut laisser parcourir à des navires de fort tonnage un espace de 3,000 milles.

La marine marchande du Canada s'élevait en 1883 à 7,390 navires représentant 1,310,896 tonneaux, c'est-à-dire s'élevant au quatrième rang parmi les puissances maritimes.

Les ports de Halifax, Québec et Montréal sont, dans l'Amérique du Nord, les plus rapprochés du Havre.

Le Canada fait partie de l'union postale, et toutes les localités quelque éloignées qu'elles soient des grands centres, sont desservies régulièrement.

Quoique situé sous les mêmes latitudes que le Nord de la France, le climat du Canada est plus rigoureux que le nôtre ; mais si l'air y est plus vif, il est sans contredit plus sain que nos temps brumeux, et il serait ridicule de comparer le Canada à une région polaire où nos races européennes ne pourraient s'acclimater. Nos pères n'étaient pas autrement bâtis que nous, ils ne jouissaient pas du confortable que l'on rencontre dans la plus modeste habitation canadienne, et cependant ils y ont fait souche, ils y ont soutenu des luttes gigantesques et y ont donné naissance à une race vigoureuse.

Du reste si la température varie de −26 degrés centigr. en hiver à + 29 degrés en été, on doit ajouter que ces extrêmes ne se rencontrent que dans les rares jours de froids *noirs* de l'hiver, quand le vent du nord souffle, ou dans les journées caniculaires dont nous souffrons encore davantage sous nos climats.

La neige couvre, il est vrai, le sol pendant cinq mois dans certaines parties, mais elle est loin de présenter les désagréments de notre neige d'Europe. Les temps humides sont inconnus au Canada, et la période des pluies en novembre, n'est qu'une courte transition comme le dégel en avril.

La température moyenne est de −10 à 11 degrés en janvier et + 19 à 20 degrés en juillet.

Nous ne voyons pas là un sérieux obstacle à l'établissement des races latines au Canada, surtout si nous comparons ces conditions aux multiples inconvénients qui se rencontrent dans les pays intertropicaux et dans l'extrême Orient.

Les fièvres et les épidémies n'existent pas au Canada. Le choléra y fut importé en 1832 mais ne s'y acclimata point, et si, en 1885, la petite vérole fit son apparition à Montréal, elle fut introduite par un voyageur venu de Chicago, et elle surprit la population, qui n'était nullement préparée à cette visite.

Les préjugés populaires dont nous avons été témoins, ainsi que une vive opposition à la pratique de la vaccine, prouvent surabondamment que le pays ne connaît pas les épidémies, contre lesquelles du reste il prend maintenant, par mesure de sûreté, toutes les précautions pour en prévenir l'invasion.

La presse joue un grand rôle au Canada, les journaux sont très-nombreux, et l'on ne compte pas moins de trente organes de langue française.

L'esprit de race s'est manifesté en toute liberté, dans les derniers événements du Nord-Ouest qui n'étaient en résumé que la rébellion d'une poignée de Métis, revendiquant des droits dont le gouverne-

ment aurait peut-être pu se préoccuper plus tôt, mais qui n'au
raient jamais dû prendre la proportion que leur a donnée le
supplice de Riel, leur chef, métis Canadien-français. Malheureusement, l'ancienne antipathie de race semble s'être ravivée, sans
cependant faire sortir de la légalité, même les plus irrités, et c'est
en cela qu'il faut admirer la liberté morale et politique dont jouit
le Canada, où nous avons pu voir dis uter et attaquer violemment
le gouvernement actuel en maintes assemblées imposantes, sans
qu'il y ait eu lieu à désordre. Forts de leurs droits constitutionnels,
les mécontents comptent en faire usage, mais ne pas aller au-delà.

Du reste, l'avenir du Canada ne nous semble pas douteux. Le
pays est évidemment destiné à suivre tôt ou tard l'exemple de la
Nouvelle-Angleterre, sa voisine, aujourd'hui les Etats-Unis. L'ancienne *Nouvelle-France* nous paraît devoir être un jour un Etat
indépendant, s'il ne se désagrège pas peu à peu pour aller grossir
la Confédération américaine. Seulement cette fois l'événement
aura lieu sans secousse, et comme se détache un fruit mûr.
L'Angleterre elle-même à laquelle il n'est soudé que par des liens
très peu puissants, laissera transformer l'autonomie en indépendance quand cet immense pays sera assez fort par lui-même pour
se passer de l'égide britannique ; mais alors l'œuvre anglaise sera
achevée ; le pays ne sera pas *anglifié*, mais la race saxonne se sera
créé d'assez fortes racines dans la politique, les finances, l'industrie, le commerce et l'agriculture, pour ne pas craindre l'émanci-
pation d'un pays, trop grand pour l'occuper, trop peuplé pour le
dominer, n'ayant pas affaire ici, comme dans l'Inde, à des peuplades
sauvages.

Il ne tient qu'aux autres nations de s'assurer pour l'avenir une
part de cette prépondérance qui est assurément l'ambition de
l'Angleterre. Le pays est ouvert, son gouvernement convie le
Vieux-Monde à venir y prendre place. Peuplé de 4,500,000
habitants, il peut en contenir 100,000,000 ; son sol est plus fertile
que celui de l'Inde, de l'Australie et des Etats-Unis ; son commerce
croît dans des proportions considérables ; des usines s'élèvent de
tous côtés, des villes se fondent, des mines se découvrent, on peut
maintenant le parcourir d'un bout à l'autre en cinq jours, tout
cela est bien fait, ce nous semble, pour attirer l'attention des
peuples trop à l'étroit dans leurs anciennes limites.

III

AGRICULTURE

—

C'est d'abord au point de vue des questions agricoles que le Canada doit attirer la sérieuse attention de la France. Il y a non seulement un intérêt national à reconquérir pacifiquement l'ancienne influence de notre race dans le Nouveau monde, mais là peut être est aussi la solution du problème économique qui ébranle l'édifice social de l'ancien continent.

L'agriculture européenne est menacée de toutes parts.

Il faut avoir vu ces immensités qui n'attendent que la main de l'homme, il faut avoir parcouru ces territoires vierges, ces plaines fertiles, ces vastes étendues, et en face de ce que les regards peuvent embrasser, avoir songé à ces autres immensités des Etats-Unis, du Mexique, de l'Amérique du Sud, de l'Australie, des Indes et de l'Afrique, pour envisager la gravité de notre situation agricole et quand on pense au peu de soin des détails, au manque de science des cultures dans ces pays, il est facile d'apercevoir le parti que des hommes compétents tireraient d'une connaissance approfondie de ces contrées, s'ils voulaient se donner la peine de se mettre sérieusement au travail et entreprendre l'œuvre d'extension extérieure qui se manifeste chez tous les peuples soucieux de leur avenir.

Nous ne sommes pas de ceux qui condamnent la politique coloniale, mais doit-elle se cantonner uniquement dans les questions du Tonkin et de Madagascar, où le climat, les fièvres, des races non civilisées, parlant des langues difficiles à transformer, une culture à laquelle nous sommes étrangers, sont autant d'obstacles à un développement rapide, à de prompts résultats pratiques ?

Ne devons nous pas également tourner nos yeux vers ces pays nouvellement ouverts, sillonnés déjà de chemins de fer et de canaux, d'un climat plus sain, d'un sol propre à la culture de nos contrées, sur lequel nous retrouvons notre langue et des peuples issus de notre sang, qui offrent à nos capitaux et à notre commerce d'importants débouchés et de solides placements ?

Le Canada, à plus d'un titre, doit compter dans notre politique extérieure, et en évoquant le passé nous devons songer à l'avenir.

Loin de nous la pensée de le voir de nouveau faire partie de notre empire colonial, l'indépendance l'attend. Sachons donc reprendre racine dans cet immense pays, et nouer avec lui des relations d'intérêt commun, qui nous assureront, quand il sera devenu grande nation, un puissant auxiliaire de prospérité.

Les Etats-Unis appartiennent-ils à l'Allemagne ? Non, certes. Eh bien ! sur une population de cinquante millions d'habitants, on compte dans la République américaine douze millions d'Allemands.

Croit-on que ce n'est pas dans ce fait qu'il faut chercher la cause de l'accroissement prodigieux de l'exportation des produits allemands aux Etats-Unis, et l'influence de la race germanique de l'autre côté de l'Atlantique ?

A l'époque où nous vivons, la prépondérance d'un peuple ne se maintient pas seulement en s'ingéniant à tirer, à force de combinaisons, d'une terre surchargée d'intérêts et d'impôts, des revenus insignifiants, et à attendre derrière des comptoirs le client que d'autres vont rechercher jusque chez lui, ou bien à se borner aux conquêtes de nouveaux pays dans lesquels la question d'honneur national engagée joue le principal rôle.

Non. Il faut être plus pratique et faire promptement bon marché de cette vaine théorie qui prétend que l'émigration appauvrit le sol natal au profit de nations étrangères vers lesquelles elle se dirige.

N'est-il pas étrange d'entendre émettre de pareilles idées qui ne peuvent être qu'une excuse à notre apathie ?

L'émigrant n'est-il pas le plus puissant propagateur des idées d'un peuple, le plus grand zélateur de son influence et le plus sûr des commis voyageurs pour ses produits ? N'est-ce pas l'émigrant qui a répandu la langue anglaise dans les cinq parties du monde ? N'est-ce pas lui qui a développé le commerce de l'Allemagne, et qui aide chaque jour au relèvement de l'Italie ?

Faisons donc une bonne fois justice de ces préjugés indignes d'une nation dont l'intelligence peut se créer partout la place qui lui est dûe, d'une nation que sa production étouffe, et qui ferait croire qu'elle dégénère en n'allant pas prendre son rang parmi celles qui marchent hardiment à l'encontre des obstacles que le progrès et la civilisation semblent opposer à ceux qui se refusent à voir la lumière et veulent résister au courant qui entraîne le monde.

Nos capitaux dorment, notre agriculture demande à des droits protecteurs un dernier souffle de vie, notre commerce périclite, notre industrie déborde, et nous ne réagirions pas ? Allons donc ! Que les plus découragés, au lieu de se lamenter sur l'asphalte de nos boulevards, parcourent le globe ; ils y recueilleront la conviction qu'il y a place partout pour l'élément français, et qu'il suffit de vouloir pour pouvoir reconquérir le terrain que nous avons perdu.

Mais revenons *à nos moutons*, comme on dit, revenons à l'agriculture.

En France, comme dans les pays voisins, la situation agricole est devenue critique, c'est en vain que des hommes compétents cherchent des solutions qu'ils ne trouvent pas. Plus l'on va, plus le péril grandit, et moins efficaces sont les palliatifs appliqués à une question qui semble sans issue.

Le prix des terres s'est sans cesse accru, grevant les produits d'un énorme intérêt de capital que viennent encore grossir l'impôt foncier et d'onéreux engrais devenus partout indispensables.

Puis les travaux de drainage et d'irrigation, l'entretien de bâtiments qui ont déjà fait un long service, l'exigence de la main-d'œuvre ; en un mot, un ensemble défectueux dont quelques parties pourraient être améliorées, mais dont la base ne saurait être ni changée, ni modifiée, constituent réellement le siège du mal qu'il est impossible de vaincre en s'acharnant à l'attaquer de front.

Triple complication de la valeur des terres, de l'impôt et de l'engrais.

Comment en effet les productions de notre sol pourraient-elles lutter contre celles de pays nouvellement ouverts, où une terre fertile qui n'aura besoin d'aucun amendement pendant de nombreuses années, quelque culture qu'on y fasse, est offerte soit en concession gratuite, soit à des prix nominaux dont l'intérêt de la valeur est négligeable et qui de plus n'a à supporter aucun impôt ?

Dégrevés de ces trois lourdes charges, les plus importantes de notre agriculture, il n'est pas étonnant que les produits d'outre-mer viennent jusque sur nos marchés, faire à nos propres produits une concurrence que nous sommes impuissants à soutenir.

Ainsi, par exemple, pour ne parler que du blé, un hectolitre parti du fin fond du Nord-Ouest canadien va parvenir à Liverpool à un prix qui laisse encore une importante marge pour défier les droits protecteurs les plus exagérés qu'un parlement pourrait voter.

Et ces droits, combien de temps pense-t-on les maintenir, si tant est qu'ils soient autre chose qu'un semblant de protection pour notre agriculture ? Croit-on pouvoir impunément en conserver le principe et surtout les élever ? A quelles catastrophes autrement grandes ne nous entraînerait-on pas ? L'alimentation, cette première nécessité de l'ouvrier, se renchérissant, ou même restant au niveau actuel, le prix de la main-d'œuvre qui pèse si lourdement sur notre industrie, ne ferait que s'accroître. Que pourrait notre activité nationale contre l'étranger qui, de plus en plus perspicace, tend à diminuer sans cesse les charges de sa production manufacturière ?

On creusera l'abîme, on le rendra insondable, au lieu d'un péril nous en aurons deux, à côté d'une situation agricole embarrassée se perpétuera une crise industrielle, aboutissant à un désastre général.

Je sais bien que l'on peut objecter ici que la crise industrielle existe déjà : nous reviendrons sur ce sujet à propos des questions commerciales, mais il est bon d'observer que si l'agriculture qui n'a pas voulu porter ses études au-delà des limites de nos frontières, n'avait pas par ses exigences, encouragé indirectement le renchérissement de la main-d'œuvre, nous n'en serions pas au point où nous en sommes industriellement.

Une réaction doit fatalement arriver sur le prix de revient de nos produits, si nous voulons soutenir la concurrence, et le premier effort de cette réaction doit être fait par l'agriculture. Elle en a les éléments à sa disposition.

Nous n'aurions pas voulu entrer ici dans la question sociale, mais le sujet exigeait ces préliminaires, afin de bien faire saisir le résultat de nos observations au Canada, basées sur une logique appréciation des choses.

Comment est-il possible à l'agriculture d'arrêter le mal qui la dévore et qui menace l'édifice social ?

Comment peut elle apporter à ce mal plus qu'un soulagement : un remède radical ?

Tel est le problème que nous nous sommes posé, et que nous allons essayer de résoudre.

Il y aurait utopie, nous croyons le fait assez démontré, à tenter une lutte directe avec les produits d'outre-mer. Les armes sont inégales, et malgré nos plus intelligents efforts, nous ne pourrions l'emporter.

Mais les pays nouveaux se peuplent chaque jour davantage. Des bras et des capitaux y défrichent sans cesse des sols vierges ; un jour viendra, jour encore éloigné, très éloigné même, où ces terres à cette heure sans valeur en auront acquis une, un jour viendra où les exigences de grands Etats auront nécessité l'établissement d'impôts, un jour viendra où le sol demandera des engrais, enfin où les conditions générales de la vitalité des contrées peuplées avec densité s'imposeront à ces pays comme elles s'imposent au nôtre actuellement.

Pendant ce temps, nos vieilles terres d'Europe auront insensiblement et graduellement diminué de valeur relative, l'équilibre se sera fait, et des conditions normales de libre et intelligente concurrence auront remplacé l'inégalité d'aujourd'hui.

Il s'agit pour nous, habitants de l'ancien continent, de savoir léguer à nos descendants une situation à l'abri de dangereuses éventualités. Il faut que nous conservions le patrimoine de nos familles pour qu'il passe du père au fils jusqu'à l'époque d'équilibre dont nous parlons.

Loin d'abandonner nos exploitations d'Europe, travaillons à les améliorer. Etudions des transformations sages, prudentes, qui nous permettent d'attendre patiemment. Notre agriculture souffre, ne nous décourageons point. Ce n'est pas en présence d'une maladie grave qu'on doit se laisser abattre. Empêchons la au contraire de devenir mortelle.

N'est-il pas un moyen de contrebalancer les malheureux effets des baux que tant de fermiers épuisés ne payent plus, et notre agriculture ne pourrait-elle pas obtenir plus avantageusement pour tous et pour elle-même des produits que nous sommes sans cesse obligés de livrer à la consommation à des prix de plus en plus bas.

Ce moyen se trouverait facilement par une compensation territoriale dans les pays nouveaux.

Tel propriétaire agricole qui a, par exemple, une terre en Europe d'une valeur de 100,000 frs, ne lui en rapportant pas 2,000, pourrait, divisant ses forces, faire au Canada un placement foncier d'une valeur égale à celle de sa propriété en France, et cette exploitation nouvelle, même dans les conditions rudimentaires où l'agriculture est encore là-bas, lui rapporterait 7, 8, 9, 10% et plus....

Ce système de compensation présente à la fois 1º un placement de capitaux garantis par la fertilité des terres et par leur valeur croissante en raison de leur culture ; 2º un soulagement immédiat pour nos agriculteurs, le calme d'une attente sans crainte, et 3º peut-être enfin la solution d'une question sociale des plus graves.

" Mais, me dira-t-on, comment un propriétaire qui possède en
" France une terre dont il peut à peine supporter les charges,
" trouverait-il des ressources pour acquérir et pour gérer une
" propriété nouvelle, à distance, au-delà des mers ?

" Où prendre la somme de ce placement que vous conseillez ?

" Le cultivateur est obligé de dépenser ses ressources métalliques
" pour l'achat de ses semences, pour l'emblavure, pour les frais de
" moisson ; pour ceux de bourrellerie et de charronnage ; il lui faut
" réserver la nourriture d'hiver pour son bétail. C'est là aussi une
" immobilisation dont il y a lieu de tenir compte. D'un autre côté,
" il ne récolte une portion de ses produits qu'au bout de 12 mois et
" une autre portion après 6 mois environ. Quant à la rentrée des

" fonds, résultat de ses élèves en chevaux, en bêtes de race ovine
" et bovine, elle ne se fait pas à court délai. Ainsi le cultivateur
" ne commence à recueillir la contre-partie de ses dépenses de ferme
" et quelques profits, s'il en reste, qu'au 1er septembre. D'autres
" avances ne lui font retour qu'après plusieurs années, pour une
" partie des avantages que lui procurent les engrais, le drainage et
" les instruments aratoires perfectionnés.

" Enfin s'il dresse tous les douze mois son budget, il ne peut judi-
" cieusement faire son inventaire définitif que tous les dix ans, ou
" tous les six ans au plus tôt, à cause des lois climatologiques qui
" produisent par intermittence des accidents et diverses phases
" destructives. L'équilibre n'est établi qu'après les récoltes *belles,*
" *bonnes, ordinaires, médiocres* et *mauvaises* sur une grande variété
" de produits.

" L'agriculture aurait besoin d'emprunter et d'emprunter à long
" terme, et vous voulez qu'elle songe à des opérations lointaines
" qui peuvent être excellentes, mais qui sont hors de sa portée ?

" En outre depuis longtemps on se plaint du dépeuplement des
" campagnes, depuis longtemps on cherche les moyens d'entraîner
" les ouvriers ruraux à retourner aux champs pour rendre à la
" culture les bras qui lui manquent, où prendrez-vous des auxiliaires
" pour aller défricher au loin et mettre en produit les terres
" nouvelles ? " (1)

"On aura beau préconiser l'application des instruments aratoires
perfectionnés, la main et l'intelligence de l'homme seront toujours
indispensables à une bonne production.

" Or, pour que les hommes demeurent à la campagne et s'y multi-
plient, il faut qu'ils y trouvent *un travail de corps, un intérêt de
cœur et une stimulation de l'esprit,* selon la formule du Dr
Guyot.

" Pour que l'ouvrier s'attache et se fixe à la campagne, pour qu'il
s'y marie, y installe son ménage, sa famille, il faut qu'il voie une
base de travail rémunéré par un salaire qui lui permette de loger,
de nourrir et de vêtir sa famille en travaillant avec énergie, avec
intelligence, avec dévouement, il faut qu'un espoir d'aisance et de
repos dans l'avenir luise à ses yeux, soit par les épargnes possibles, soit

(1) Commentaires des travaux du Dr. Guyot.

par la stabilité du groupe auquel il se sera attaché. Ce problème
loin d'être insoluble, a été de temps immémorial résolu par le pa-
triarcat rural, par l'association de la propriété et du travail dans
le partage des fruits de la terre ; le Beaujolais, le Jura, la Savoie,
ont consacré ces conditions naturelles. Pour que le travail de
l'homme comporte les trois éléments d'énergie, d'intelligence et de
dévouement, qui le rendent si puissant, il faut que l'ouvrier ait un
salaire assuré et un bénéfice éventuel.

" Le salaire achète sa main-d'œuvre et lui fournit l'existence
matérielle strictement nécessaire pour lui et pour les siens, l'éven-
tualité du profit récompense son intelligence active et lui donne
l'espérance, il ne lui manque plus alors pour se dévouer, corps, tête
et cœur, à l'agriculture que de trouver des chefs qui lui inspirent
amour et respect par leur justice et surtout par leur capacité
supérieure et qui le guident dans le progrès, le comprennent et
l'apprécient en ce qu'il a de bon et en ce qu'il fait de bien. En un
mot, le propriétaire doit avoir la supériorité du père de famille sur
ses enfants, et les ouvriers agricoles de leur côté doivent trouver
une part dans la prospérité commune.

" Il y a là une donnée primordiale d'où peut sortir une organisation excellente.

" La rente de la terre est partagée en trois : la part du propriétaire du sol, celle du fermier et celle de l'ouvrier. On a voulu
faire la part de l'ouvrier trop petite, on l'a dégoûté du métier et
du village. On peut l'y ramener. Les bras ne manqueront pas
là où le bien-être sera assuré, que ce soit dans la vieille ou dans la
nouvelle France.

" En tout cas nous devons rappeler qu'il est d'une nécessité impé-
rieuse que la France fortifie son agriculture en lui donnant à
pleines mains les moyens de se sauver elle-même.

" Il est bon d'avoir le courage de l'avouer. Sans une prompte
réforme, notre belle fortune rurale déclinera de jour en jour ; or,
ce serait d'autant plus déplorable, que nous entrevoyons la possi-
bilité d'inoculer à nos agriculteurs une vigueur nouvelle, de leur
faire même acquérir une prospérité que nos paysans et leurs propriétaires n'ont pas encore connue.

" Les promesses administratives n'ont jamais fait défaut, nous
déclarons toutefois qu'il n'entre nullement dans notre pensée de

réclamer pour les cultivateurs ce que l'on peut appeler des faveurs exceptionnelles. L'intérêt général vu de haut est notre seul guide.

" Ce qui manque au premier chef à notre agriculture, c'est une institution de crédit combinée selon les besoins de cette industrie, différant complètement de toutes les autres branches du travail, elle veut être assise sur des bases particulières et non sur celles des établissements qui distribuent le crédit au commerce, à la manufacture et à la marine marchande."

En conseillant le système des compensations territoriales que nous avons indiqué, nous n'avons songé ni à la fondation de vastes sociétés agricoles, ni à l'expatriement complet de ceux que de sérieuses attaches retiennent en Europe, ni à l'émigration isolée de nos paysans sans travail et sans argent, émigration pour laquelle ne sont point faites les races latines.

Nos idées sont puisées dans l'étude d'un pays où notre race s'est déjà montrée foncièrement colonisatrice. Nous avons vu dans quelles conditions elle s'y est implantée, comment elle s'y est comportée, et ce que l'on peut attendre d'un mouvement de la France vers le Canada.

Nous n'avons qu'une confiance très limitée dans la formation de grandes sociétés de colonisation ou de terrains, comme il en pullule aux Etats-Unis et dans certains pays.

Créées dans un but spéculatif évident, elles n'ont fermé aucune plaie ; elles en ont ouvert de nouvelles. Ce n'est pas dans de semblables aventures que l'agriculture doit s'engager. Il y a au Canada autre chose à faire.

Rappelons-nous d'abord comment se forma notre ancienne colonie.

Des concessions pour récompenser des services rendus étaient octroyées par le roi de France à des officiers, à des seigneurs ou même à des roturiers à charge par eux d'établir sur les terres concédées un certain nombre de colons dans un délai déterminé. C'étaient les anciennes seigneuries dont quelques-unes subsistent encore dans la province de Québec.

Ces seigneurs amenant de France des colons, étaient tenus de bâtir un moulin pour moudre le blé de leurs censitaires qui leur payaient un droit de mouture et une rente des plus minimes.

Ce système de colonisation développé par Colbert rendit en son temps de précieux services.

C'est dans *les lettres et instructions* de l'éminent homme d'Etat que l'on peut puiser les plus forts arguments contre ceux qui prétendent que nous ne sommes pas colonisateurs.

Colbert avait compris que l'isolement serait néfaste à notre développement au Canada ; aussi donne-t-il les instructions les plus détaillées aux représentants du roi, pour grouper les colons, non seulement afin de se défendre contre leurs voisins ennemis les Iroquois et les Anglais, mais aussi pour soutenir le moral de ceux qui allaient ainsi fonder un pays nouveau, et pour les aider à supporter l'éloignement de la patrie.

Là est le secret de la colonisation propre à la race latine.

A l'encontre de l'Anglais, de l'Ecossais, de l'Irlandais, de l'Allemand, le découragement nous saisit vite quand nous nous sentons sur la terre étrangère, loin de nos foyers. Le travail solitaire n'est pas notre fait. Nous avons besoin d'entrain. Il faut que nous nous entretenions du pays dans notre propre langue, que nous sentions autour de nous des compatriotes, et cela est si vrai que les Canadiens-français ont conservé entre eux le culte de l'ancienne mère-patrie, en même temps qu'ils pratiquent un loyal attachement pour Sa Majesté Britannique.

S'il y a des exemples de Français établis dans le Nord-Ouest du Canada, nous n'engagerions pourtant pas nos compatriotes à se rendre dans la Confédération pour s'y établir séparément, à moins que, disposant de ressources suffisantes, ils n'aient l'intention de se fixer dans la province de Québec, ou dans le comté d'Essex (province d'Ontario) ou dans quelques autres rares places où ils se retrouveraient, pour ainsi dire, en France, la majorité de la population étant canadienne française.

Dans ces régions un cultivateur peut avec quelque argent, trouver des terres déjà défrichées, des fermes en rapport, et s'y créer une belle exploitation rurale, surtout en apportant dans ses travaux la pratique d'une science agricole que nos agriculteurs possèdent bien plus que l'agriculteur américain.

Pour en revenir à la question fondamentale, c'est dans le Nord-Ouest que notre grande agriculture peut trouver la compensation dont nous parlons plus haut.

A l'aide de combinaisons multiples que l'on peut faire avec le gouvernement fédéral et le chemin de fer du Pacifique Canadien, auquel a été octroyée une quantité très considérable de terres, on peut obtenir de grandes concessions territoriales sur lesquelles en appliquant, non pas le système des seigneuries, qui n'est plus en vigueur depuis 1854, mais notre système de fermage ou de métayage, il est facile d'établir de superbes exploitations agricoles.

Rejetant toute idée de spéculation des terres, ainsi que tout projet de société de colonisation, dégageant de toute pensée parasite le ferme désir de compenser directement la moins-value de leurs domaines, nos propriétaires ruraux pourraient se grouper en associations particulières, réunissant entre eux des capitaux suffisants.

Ils confieraient à un ou à plusieurs d'entre eux, ou à des mandataires de leur choix, dans lesquels ils auraient déjà, par expérience, pleine et entière confiance, comme gérants, le soin de leurs intérêts dans le Nord-Ouest ; ils s'y feraient concéder les terrains nécessaires et y enverraient de France le nombre de fermiers ou de métayers voulus pour l'exploitation de leurs propriétés.

Sur ces propriétés seraient construits à très peu de frais, des bâtiments pour les tenanciers et leurs familles, ainsi que pour l'usage des industries agricoles que ces groupes voudraient créer ; enfin on mettrait à la disposition des travailleurs, des instruments et des bêtes de somme, suivant arrangements faits d'avance.

Une pareille organisation donnerait à nos agriculteurs une compensation à la moins-value sans cesse croissante de leurs exploitations d'Europe, et occuperait utilement nos ouvriers des campagnes qui vont chaque jour grossir les rangs des oisifs malheureux en quête de travail dans nos villes.

Mais comme chez nous il est toujours indispensable qu'une action officielle vienne éclairer la route du progrès, comme nous ne pouvons jamais inaugurer un système sans recourir au patronage du gouvernement, malgré notre soi-disant esprit d'initiative privée, pourquoi, à côté des chambres de commerce françaises constituées à l'étranger par le Ministère du commerce, le Ministère de l'agriculture ou d'accord avec lui, la Société nationale d'agriculture de France, la Société des agriculteurs, et les Sociétés agricoles départementales, ne créeraient-ils pas dans le Nord-Ouest canadien une ferme modèle d'expérimentation, dont la direction serait confiée à des hommes compétents ?

Outre les renseignements précieux que fournirait un pareil établissement, il pourrait en même temps, et contre rétribution, recevoir pour un temps déterminé, un certain nombre de pension-naires français, désireux d'aller se rendre compte sur place de la situation agricole du pays, et de puiser, avant de s'établir, des connaissances approfondies sur la culture, l'élevage, l'horticulture, etc., dans ces contrées.

Une semblable institution serait le pivot d'une sérieuse coloni-sation française dans le Nord-Ouest américain, et le point de départ d'une amélioration assurée pour l'avenir de notre agriculture.

Nous livrons ces conclusions aux intéressés, persuadés qu'ils y trouveront les éléments de vitalité à la recherche desquels nous devons tous nous dévouer, si nous sommes soucieux du sort de notre pays, non-seulement sur le territoire de la métropole, mais sur tous les points du globe où il est facile de reconquérir notre influence, sans canon, sans baïonnettes, en ne sacrifiant pour cela, ni l'argent des contribuables, ni le sang de nos enfants.

En allant au Canada, il ne faut pas s'attendre à trouver l'Eldorado, ou la source de l'immortalité et les merveilleuses chimères que les fables populaires plaçaient jadis dans les profondeurs inconnues du Nouveau-Monde. Il ne faut pas non plus y chercher des jardins anglais, des routes macadamisées, des parterres émaillés de fleurs, des charmilles et de frais cottages, en un mot l'art moderne qui décore notre continent et ces atours dont une civilisation raffinée a su l'agrémenter.

La nature a conservé sur l'immense étendue de la Confédération canadienne son aspect sauvage et abrupte et, que ce soit dans les imposantes montagnes de la province de Québec, dans les vastes plaines du Nord-Ouest, sur les rives du majestueux Saint-Laurent, aux Chutes du Niagara, ou aux Montagnes Rocheuses, le progrès n'a pas encore transformé ces pays en riants coteaux, en prés fleuris ou en vertes pelouses.

Du reste, il y avait de plus pressants besoins. Au lieu de paver des routes, on a fait des chemins de fer. Plutôt que de tailler des pierres pour bâtir des maisons, on a coupé du bois pour construire des demeures, dont le *confort*, il faut le dire, n'est pas toujours exclu.

Nous parlons ici des campagnes ; quant aux villes, si elles montrent des monuments, des maisons de pierre et de brique, des squares et des tramways, nous devons dire en passant qu'elles offrent des rues larges mais défectueuses. La défectuosité tient à ce que ces voies bordées d'habitations qui ne contiennent presque généralement qu'une seule famille, ne sont point entretenues. Les frais d'entretien seraient trop onéreux pour les habitants. Cet inconvénient se retrouve d'ailleurs dans toutes les villes américaines, qui présentent aussi un autre désagrément : je veux parler des nouvelles cités en damier, sans rues transversales ; il faut toujours faire les deux côtés d'un triangle ; ajoutons les trottoirs en bois, les poteaux de fils télégraphiques et téléphoniques, les bornes où chacun attache ses chevaux pendant qu'il vaque à ses affaires, tout cela peut avoir son côté pittoresque, mais est loin de ressembler à nos villes européennes.

Retournons à la campagne.

L'habitation du cultivateur est en bois, ainsi que ses écuries, ses remises, ses étables et ses granges ; tout est bien compris et aménagé pour mettre à l'abri du froid bêtes et gens. Divers systèmes de chauffage comportant les derniers perfectionnements, sont en usage dans les plus modestes demeures. Le bois est le combustible généralement employé dans les contrées où il abonde ; dans d'autres, c'est le charbon que les voies de communication permettent de transporter facilement partout.

On pourrait croire que la rigueur du climat est un obstacle à la culture des céréales, des plantes fourragères, des racines, des fruits, etc. Bien au contraire. Le Canada est d'une fertilité exceptionnelle et la neige qui recouvre le sol, pendant cinq mois de l'année, garantit les plantes contre la gelée. Elle n'empêche nullement l'élevage ; le climat donne, au contraire, au bétail une vigueur remarquable et l'a mis jusqu'ici à l'abri des épidémies.

La neige a encore un précieux avantage. Elle protège la terre et lui donne un repos absolu. Au printemps le dégel l'imbibe et la prépare admirablement pour la production, en développant naturellement les sucs les plus nutritifs que nous sommes obligés de provoquer chez nous artificiellement.

En Europe, la Suède et la Norvège, où l'hiver est plus long et plus rude dans les parties les plus septentrionales, ne voient-elles pas l'orge et le seigle, pour ne citer que ces deux exemples, parvenir à leur pleine maturité ? Ces pays ne sont-ils pas considérés comme l'étalon granifère auquel il faut s'adresser pour revivifier les semences des autres régions ?

Dès le siècle dernier, l'attention s'était déjà fixée sur ce fait que diverses plantes cultivées se développent plus facilement et prospèrent mieux par l'emploi de semences provenant d'altitudes polaires, qu'en se servant de graines qui ont mûri dans des zônes méridionales.

Sur ce point, les observations des hommes les plus compétents peuvent se résumer ainsi :

1o. Presque tous les végétaux croissant sous des latitudes élevées, possèdent dans toutes leurs parties, une quantité sensiblement plus forte d'arôme et de pigment que les mêmes plantes cultivées à des latitudes inférieures.

Les plantes septentrionales ont des feuilles plus grandes et d'un vert plus foncé que celles de localités plus méridionales.

2o. Les graines de la plupart des végétaux augmentent jusqu'à un certain point en dimension et en poids, à mesure qu'on transporte ces végétaux dans le nord.

3o. Les graines des localités septentrionales ont une écorce plus mince, germent plus promptement et mieux, et donnent naissance à des plantes plus vigoureuses et plus rustiques que les graines de provenance méridionale.

4o. Quand on déplace un végétal du sud au nord, il s'accoutume peu à peu à son nouvel habitat et y parvient à son parfait développement en un temps plus court qu'auparavant, malgré la température moyenne de cet habitat, sensiblement inférieure à celle du local primitif.

Le pouvoir germinatif des graines du nord est incomparablement supérieur à celui des semences méridionales, non seulement par le nombre de graines aptes à germer, mais aussi par l'énergie avec laquelle la germination s'engage et par leur haut degré de pureté.

Par sa situation entre les 42e et 70e degrés de latitude nord, et les 50e et 142e longitude, le Canada offre la plus grande variété de terres arables douées d'un rare pouvoir fertilisant.

PROVINCES DE L'EST

Les provinces de l'Est, (le Nouveau-Brunswick, la Nouvelle-Ecosse, les provinces de Québec et d'Ontario) qui offrent tant d'avantages aux Européens, présentent dans leurs parties vierges un grand inconvénient au colon nouveau venu. Il faut la plupart du temps conquérir la terre arable sur les forêts ou les terrains caillouteux.

Si la difficulté de ce défrichement n'est pas un obstacle pour le Canadien, pour le Canadien-français surtout, ce véritable pionnier du Nord de l'Amérique, il ne faudrait pas songer à y faire travailler l'Européen débarquant sur les rives du Saint-Laurent. Il trouve là du reste assez de terres défrichées pour s'y établir sans risque d'être promptement découragé par un labeur pénible auquel il est indispensable d'être accoutumé dès l'enfance.

Défricher la forêt, c'est élaguer les arbres, brûler les branches avec les broussailles, abattre les troncs, les convertir en clôtures, entasser le surplus pour y mettre le feu, enfin terminer l'œuvre de transformation en répandant dans les racines un corrosif qui les désagrège et permet plus tard de les enlever facilement. Il s'agit également d'extraire les roches que l'on rencontre fréquemment dans cette partie du Canada, de les amonceler ou de s'en servir pour les clôtures, cette tâche est d'autant plus difficile qu'il faut la pratiquer généralement loin des centres, c'est-à-dire, dans un isolement qui ne saurait convenir aux travailleurs de nos contrées.

Le sol y est argileux en maints endroits, et susceptible de tous les genres de culture, malgré de grands accidents de terrain. Nombre de cours d'eau et de lacs arrosent cette partie du Canada, couverte encore de forêts considérables produisant une grande variété de bois.

Les céréales, le foin, les plantes fourragères, les légumes de toutes sortes, le maïs, le lin, le houblon, le tabac, les pommes de terre, et toutes les variétés de fruits y sont cultivées avec succès.

Cependant comme certaines terres depuis longtemps défrichées ont été exploitées sans aucune méthode, il est quelquefois nécessaire, dans les plus anciennes, de recourir à des fumures, mais on se contente d'enfouir l'herbe d'une récolte ou d'employer des fumiers naturels, fumiers d'étable ou engrais verts.

Aussi l'agriculture a-t-elle une tendance à se livrer plus assidûment à l'élevage du bétail et à la fabrication du fromage et du beurre qui donne de bons résultats.

L'exportation des fromages du Canada qui ne se montait en 1858 qu'à 13,104 livres, représentant $1,497, s'élevait en 1878 à 39,371,139 livres, représentant $4,121,301, et atteignait en 1883, 58,041,387 livres, d'une valeur de $6,451,870. Cette industrie ne comptait cependant pas une seule fromagerie avant 1872, dans les établissements canadiens-français des provinces de Québec et d'Ontario, qui, à eux seuls, produisent maintenant plus du quart de tout le fromage fait au Canada.

La production des œufs est totalement négligée. La plupart des cultivateurs n'attachent pas la moindre importance à leur récolte sur la ferme, et c'est généralement la ménagère qui en fait un reve-un casuel ; pourtant les œufs sont très abondants, et non-seulement le pays en fait une très-grande consommation, mais leur exporta-tion se montait en 1884 au chiffre de 11,490,855 douzaines, repré-sentant une valeur de $1,960,197.

L'élevage du cheval est loin d'être encore assez sérieusement pratiqué. Cependant les chevaux sont excellents au Canada, et l'exportation des produits de la race chevaline pourrait être facile-ment décuplée, si au lieu d'expédier à l'étranger des quantités con-sidérables de foin et de menus grains qui partent chaque année, on les appliquait à cet élevage. (1)

BETTERAVES.—L'insuccès qu'ont rencontré les tentatives faites dans l'essai de l'industrie du sucre de betterave au Canada, ne doit pas cependant là faire rejeter comme impraticable. En effet la partie du Canada où cette industrie pourrait être implantée, offre des con-ditions analogues à celles des contrées de la Russie où elle réussit si admirablement ; comme à tout début inconscient, on a subi au Canada des mécomptes inhérents à une transformation de culture pour laquelle les cultivateurs canadiens n'étaient nullèment préparés.

Afin de vulgariser la culture de la betterave, on a demandé sans raison à des cultivateurs qui n'avaient pas des terres suffisamment appropriées, de planter de betteraves une parcelle de leur terrain. L'expérience et les instruments faisant défaut, le cultivateur se préoccupait bien plus de ses autres produits, et au lieu de concen-trer les premiers soins sur une production rationnelle qui aurait certainement donné un rendement abondant, on a par cette méthode rebuté le cultivateur qui n'a considéré cette tentative que comme un essai accessoire, et l'a négligé n'en connaissant pas la valeur.

Au contraire si une fabrique de sucre s'établissait dans un centre dont le sol serait propre à la culture de la betterave, comme il s'en rencontre beaucoup au Canada, si cette fabrique pouvait elle-même, ou sous son contrôle direct, mettre en exploitation, une cer-taine étendue de terrain, l'assurant de l'alimentation régulière de

(1) Le Marquis de Tracy amenait en 1665 les premiers chevaux qu'on eût encore vus au Canada. On assure cependant que M. de Montmagny qui fut gouverneur de 1636 à 1648 avait un cheval qu'il avait fait venir de France.

sa fabrication, on verrait bientôt un pareil établissement prospérer et faire prospérer avec lui les autres industries agricoles qui se rattachent à la culture de la betterave.

Des analyses souvent répétées ont révélé dans les betteraves du Canada une très grande richesse saccharine. La plante pourrait être livrée à la fabrique à des prix très-bas. On peut produire le noir animal à bon marché, et se procurer très-facilement la pierre à chaux ; enfin le combustible ne manque point.

En outre, on peut obtenir pour l'entrée du matériel la franchise des droits de douane, et il convient d'ajouter qu'une prime très élevée frappe les sucres étrangers à leur introduction dans le pays.

L'importation des sucres au Canada s'est montée en 1884 à 178,807,717 livres, entrées pour la consommation, représentant une valeur de $6,632,500.

COMTÉ D'ESSEX.

LA VIGNE.—Le comté d'Essex forme une vraie presqu'île, ayant une ceinture d'eau dont la masse et l'étendue sont suffisantes pour tempérer les froides nuits de printemps. Aussi sur tout le pourtour des côtes d'Essex, environ 200 kilomètres, et sur une lisière d'à peu près trois kilomètres, la vigne échappe généralement aux plus fortes gelées de mai. Il n'en est pas de même dans l'intérieur des terres, où les essais faits jusqu'à ce jour pour la culture de la vigne n'ont pas été encourageants.

Le comté d'Essex, quelques parties de l'Ontario, sur le lac Erié et le Niagara, sont les seules régions du Canada qui aient le privilège d'offrir de sérieux avantages pour cette culture.

Le sol généralement plat, n'est pas dans les conditions les plus propices pour la production des vins fins, des vins de gourmets ; en outre, quoique la latitude soit à peu près la même que celle du Midi de la France, le climat y est bien différent.

Les hivers plus longs ne permettent pas à la végétation de partir sûrement avant le premier mai, tous les arbres fruitiers fleurissent dans un très court espace de temps ; le pêcher montre ses fleurs avec celles du pommier. Malgré ce retard du réveil de la nature, les moissons de blé et d'avoine sont toujours achevées du 20 au 25 juillet au plus tard, les maïs sont coupés du 10 au 20 septembre, et les vendanges se font généralement du 25 septembre au 5 octobre.

Depuis plus de 40 à 50 ans, plusieurs fermiers d'Essex ont tenté les plantations de quelques variétés de vignes ; mais les essais restèrent longtemps sans conclusion. On remarquait bien ça et là, quelques plants de vignes à côté de certaines maisons de ferme ; ces plants végétaient étouffés dans l'herbe, abandonnés à la nature, sans taille et sans tuteurs, et cependant ils montraient une certaine rusticité. Il y a seulement quinze ans environ, que le pays a vu les premières plantations s'étaler vigoureusement. Si l'on recherche les premiers implanteurs de la vigne dans le comté d'Essex, on peut citer deux français, MM. Th. Girardot et Tournier. Leur exemple fut bientôt suivi par la plupart des colons français ; et cette culture augmentant chaque année, tout fait présager que dans dix ou quinze ans, l'étendue des vignes dans le comté d'Essex, s'évaluera par milliers d'arpents.

Les vignes de France qui ont été essayées, n'ont pas pu vivre plus de trois ans. Il faut des plants plus rustiques et mieux appropriés à la crudité du climat. Parmi ceux qui ont jusqu'à présent offert le plus d'avantages, on cite le plant dit *Concord,* variété rustique, vigoureuse, très fertile, donnant un vin qui, sans être de première qualité, prend en vieillissant un goût qui se rapproche de celui des vins de Bordeaux ordinaires, de second cru. Quelques autres variétés sont aussi très avantageusement cultivées. Les viti-culteurs sont arrivés d'ailleurs à faire leurs plants eux-mêmes. L'élevage des boutures est lucratif, car à deux ans, le prix moyen est de 150 francs le mille. La plantation se fait à la bêche ou à la charrue. Ce dernier procédé finira par prévaloir. Un arpent (40 acres) reçoit de 900 à 1,000 plants. Si une plantation est bien faite et bien réussie, la troisième année peut donner un quart de pleine récolte, la quatrième une demie, et à la cinquième la vigne peut être en complète valeur. C'est alors que bon an mal an il est permis d'espérer par arpent quatre à cinq tonnes de raisins. La matière colorante est très riche.

Sur un arpent de vignes, il arrive aux vignerons d'obtenir de

600 à 1,000 gallons de vin, sans compter les piquettes qui se font en surplus pour l'usage de la famille.

Le prix des vins, à Sandwich, se tient facilement de quatre à six francs le gallon, selon l'âge et la qualité. (Un gallon = 4ʟ. 53ᴄ.)

Il n'est pas douteux que la culture de la vigne peut offrir de sérieuses ressources aux familles d'émigrants qui connaissent ce travail.

L'acquisition d'une terre à vignes, dans l'Essex, peut être évaluée à environ 500 francs par arpent.

LE NORD-OUEST

La partie du Canada, comprise entre la ville de Winnipeg et les Montagnes Rocheuses, constitue la région des Prairies, traversée actuellement par le chemin de fer du Pacifique Canadien, qui relie Québec à Vancouver, sur la côte de l'Océan Pacifique. Ces prairies donnent une abondante nourriture soit à l'état de foin, soit comme pâturage. Les rivières, les lacs et les étangs nombreux dans cette région sont d'une grande utilité, l'approvisionnement d'eau est inépuisable, la fertilité du sol varie considérablement, mais le Manitoba et toute la région de la Saskatchewan forment ce qu'on peut appeler une véritable Palestine agricole, à côté de laquelle s'étendent encore des quantités considérables de terres arables faciles à reconnaître par les indices superficiels de la végétation.

Le Manitoba situé sous une latitude relativement élevée (1) a le privilège de jouir chaque jour d'un plus grand nombre d'heures de soleil pendant la période de la végétation, les plantes poussent plus vite, plus vigoureusement, et les céréales en particulier présentent plus de résistance contre les tendances à la verse.

Dans la saison d'hiver, sous l'action d'une basse température, accompagnée de neige, le sol gèle à une grande profondeur, et cette gelée lui procure un ameublissement que ne lui donneraient

(1) Le Manitoba s'étend du 96me au 99me degré de longitude O., et du 49me au 53me degré latitude N., à distance à peu près égale du pôle et de l'équateur, de l'Océan Atlantique et du Pacifique.

pas les façons les plus énergiques. Les racines s'enfonçant dans un terrain ainsi ameubli, acquièrent plus de fixité et atteignent une couche où l'humidité se maintient même pendant les plus fortes chaleurs.

C'est donc à tort ou par une profonde erreur que des adversaires de la colonisation dans le Nord-Ouest avaient prétendu que le rendement des récoltes pourrait y être compromis par la sécheresse.

La couche arable est généralement formée par une terre d'alluvion argilo-siliceuse, reposant sur un sous-sol d'argile. " Elle rentre ainsi, dit un de nos agronomes, dans la catégorie des terres fortes, sans présenter toutefois de grande difficulté au travail des instruments de labour."

Les fermiers américains eux-mêmes font le plus grand cas des semences qu'ils tirent de la Vallée de la Rivière Rouge et particulièrement du Manitoba. En descendant vers le sud, les blés dont on néglige de renouveler la semence, dégénèrent en perdant peu à peu de leur richesse en gluten ; tandis que, au contraire, en remontant vers le nord, on trouve des blés durs dont le poids moyen oscille entre 76 et 79 kilog. par hectolitre.

Rien n'est plus propre à intéresser les agriculteurs que les deux traits qui caractérisent la météorologie du Manitoba et des Territoires du Nord-Ouest.

1º. L'abondance des pluies durant le mois de la végétation.

2º. La quantité relativement peu considérable de neige qui tombe pendant l'hiver, à différents intervalles, de sorte qu'elle est rarement accumulée par les vents, de façon à entraver la circulation. Les tempêtes de neige ou *blizzards* qui dévastent le Nord-Ouest des Etats-Unis, sont très rares dans le Manitoba et n'y sévissent que beaucoup plus faiblement, une fois ou deux, trois fois au plus par hiver.

Avec la nouvelle année commencent les froids les plus vifs, dont la rigueur exceptionnelle pendant quelques jours est adoucie par les rayons d'un beau soleil, et par le calme de l'atmosphère dont la pureté fait régner au Manitoba des journées brillantes auxquelles succèdent des nuits sereines d'une incomparable beauté.

La sécheresse de l'air, l'absence de brouillards, la succession régulière des saisons, rendent le climat du Manitoba le plus salubre et le plus propre à faire de cette contrée la résidence d'une population forte, saine et prospère, et l'on a remarqué que les hommes les plus robustes sont souvent des Européens ou des Canadiens-français qui sont venus jeunes se fixer dans ce pays.

Là sont ces fameuses terres à blé sans rivales au monde, qui ont fait dire, depuis leur découverte récente, que le Canada deviendrait le grenier universel.

Il est difficile de se faire une idée des récoltes abondantes qui se font dans le Nord-Ouest, à proprement parler, sans système de culture, et cette fertilité extraordinaire verra s'écouler bien des années avant que l'agronomie ne soit obligée d'y appliquer de nouvelles méthodes scientifiques.

Les terres noires sont si riches en matières organiques, que l'alimentation des plantes ne les épuisera pas de bien longtemps ; les cultivateurs en tirent ce qu'ils peuvent sans rien leur rendre sous forme d'engrais. Il leur suffit de soulever un pouce ou deux à la surface pour y entretenir la fécondité, et cette pratique pourra être continuée impunément durant une très longue période. Les fumiers pendant les premières années seraient du reste plus nuisibles qu'utiles. Aussi les cultivateurs avaient-ils pris l'habitude de transporter fumiers et litières en traîneaux, et de les déposer sur la glace des rivières, qui les emportaient dans leur fonte au printemps. La loi ayant cessé de tolérer ce procédé, on entasse les fumiers près des étables, et quand le tas devient gênant on ne l'enlève pas, c'est l'étable que l'on déplace !

La bonne culture serait évidemment d'une grande utilité, et donnerait des résultats surprenants ; on peut l'affirmer, si l'on considère que ceux qui se sont établis là sans aucune connaissance préalable, y trouvent une rémunération des plus encourageantes.

On rencontre dans le Nord-Ouest canadien de simples ouvriers, quelques-uns même Français, venus depuis peu d'années, ne disposant pas alors de 200 piastres, qui aujourd'hui ne cèderaient pas leur propriété pour $10,000.

Les récoltes ne sont pas seulement remarquables par leur abondance. Les produits sont de qualité supérieure.

Considérons d'abord les résultats comparatifs de la production moyenne en Europe sur une emblavure totale, en froment, de 32,270,250 hectares (rendements par hectare, en hectolitres).

Grande-Bretagne, Hectolitres 24,42 par hectare.

Pays-Bas	"	22,80	"
Belgique	"	18,18	"
Danemark	"	17,36	"
France	"	16,20	"
Roumanie et Servie	"	15,	"
Allemagne	"	14, 80	"
Suisse	"	14,	"
Italie	"	13, 60	"
Norvège	"	11,	"
Autriche-Hongrie	"	11, 90	"
Suède	"	10, 76	"
Grèce	"	10, 50	"
Espagne	"	10.	"
Turquie d'Europe	"	9,	"

Il est bon de constater, en passant, les rendements du blé en France, pendant de bonnes années :

En 1857............................	16,75
En 1858............................	16,56
En 1863............................	16,88
En 1864............................	16,88
En 1868............................	16,53
En 1872............................	17,41

Dans un pays presque aussi grand que l'Europe il est naturel que le rendement des récoltes varie selon les qualités du sol et les différences de climat.

Le Manitoba est la terre promise du froment.

Le rendement moyen du blé au Manitoba dans 84 localités pour lesquelles des rapports ont été faits en 1882, est de environ 32 minots à l'acre, soit pleinement 28 hectolitres à l'hectare. Le plus fort rendement connu, d'après ces rapports, eut lieu à Millford et atteignit 104 minots pour 2 acres, soit 46 hectolitres et deux tiers à l'hectare (1) (Résumé du " Times " de Winnipeg), Le *Globe* de

(1) Il est question d'un rendement en blé encore plus extraordinaire, dans le rapport de S. James W. Taylor, consul américain à Winnipeg :
"J'attire votre attention, dit-il, sur le spécimen de Tultz Winter, récolté à St-Boniface par M. Jean Mayer, d'une graine qui avait été fournie par M. Fred. Watts, commissaire de l'agriculture aux Etats-Unis. Elle a été semée le 2 octobre 1871, et la récolte s'est faite le 10 août 1872. Quand la neige a disparu, au printemps, les tiges étaient à peine visibles, mais elles sont venues à perfection, et le RENDEMENT A ATTEINT LA MOYENNE EXTRAORDINAIRE DE 72 MINOTS PAR ARPENT."
Ce rapport est confirmé par le R. archidiacre McLean.

Toronto constate aussi que le **rendement moyen du** blé a été, en 1882, de 32 minots par acre.

On reste au-dessous de la vérité en admettant :

Pour le blé,   30 minots par acre, 26,92 hectol. par hectare.
Pour l'orge,   30   "   "
Pour l'avoine,   40   "   "
Pour les pois, 20 à 25   "   "

Le rendement des pommes de terre, en 1882, est constaté à 274 minots par acre,=245,90 hectolitres par hectare.

Et la moyenne de celui des betteraves est d'environ 400 minots par acre, soit 360 hectolitres par hectare.

Cependant, dans la fameuse ferme Bell, située à 312 milles à l'ouest de Winnipeg, et qui couvre une étendue de près de 58,000 acres, environ 23,470 hectares, le rendement du blé qui, à certains endroits s'est élevé à 40 minots par acre, est resté dans d'autres parties entre 20 et 25.

La charrue américaine en acier est le plus généralement employée, cependant des charrues canadiennes légères permettent de creuser un sillon plus profond et donnent d'excellents résultats.

Sur une charrue de douze pouces, on attelle une paire de chevaux ou de bœufs, et avec un bon attelage, on peut faire en moyenne un arpent de labourage par jour.

Avant les semailles, la terre subit généralement deux labours, un premier labour superficiel d'un ou deux pouces en été, puis un autre de deux pouces et plus vigoureux au printemps suivant ; le second n'est pas transversal au premier, les deux labours se font dans le même sens.

On sème environ deux minots de blé, d'orge ou d'avoine par arpent.

Le trèfle, le mil, le seigle et le lin viennent admirablement, ainsi que les légumes et les végétaux.

Les sauterelles, qui ont ravagé les récoltes en 1868, n'ont plus reparu qu'en 1873, mais cette invasion n'a fait que des dégâts partiels.

Le printemps commence ordinairement vers la mi-avril, il n'est cependant pas rare de voir semer le blé dans les premiers jours de ce même mois.   Le soleil fait disparaître presque toute la neige, et la gelée quitte le sol. Les récoltes sont bien rarement endommagées par des gelées de printemps.

Le foin se fauche du 15 juillet au 15 septembre ; le blé, l'orge et l'avoine, vers la première quinzaine d'août.

L'automne est hâtif.

Les premières gelées font leur apparition vers le 15 septembre, mais la neige ne se montre qu'en octobre pour commencer à fondre en mars, sous l'influence du soleil.

Les différentes variétés de fruits poussent dans le Nord-Ouest, soit en culture, soit à l'état sauvage. Les tomates y viennent en abondance.

L'élevage du bétail, la production du lait, du beurre et du fromage y sont d'un excellent rapport.

L'écoulement des produits se fait facilement, soit directement, soit par des intermédiaires qui vont traiter du prix dans les fermes.

REMARQUES

Nous allons maintenant passer rapidement en revue les défectuosités de l'agriculture au Canada telle qu'elle est actuellement pratiquée. Outre nos quelques observations personnelles, l'enquête faite en 1884 par un comité spécial nommé par la Chambre des Communes afin d'obtenir des renseignements sur les industries agricoles de la Confédération nous a fourni des informations qui nous semblent offrir un très grand intérêt, si l'on veut bien ne pas perdre de vue les résultats pour ainsi dire merveilleux que nous venons de signaler et qui indiquent la mesure de ce que l'on pourrait attendre d'exploitations dirigées avec science et méthode, comme nos agriculteurs en sont capables.

Les cultivateurs canadiens ne produisent pas en moyenne plus de la moitié de ce qu'ils pourraient produire. Cela tient au manque de connaissances requises dans la profession, plus encore à l'ignorance des besoins du marché domestique et du marché étranger.

Il n'est pas téméraire d'évaluer à plus de $200,000,000, c'est-à-dire à plus d'un milliard de francs, la perte annuelle qui en résulte pour le Canada, et par conséquent pour les cultivateurs eux-mêmes. (Réponse du Directeur de l'Agricu'ture de la Province de Québec, au Président de l'enquête.)

L'absence d'informations suffisantes, et, dans beaucoup de cas la négligence des cultivateurs, ne font pas assez discerner l'espèce de grain qui convient le mieux aux différents sols ; et l'on ne fait rien pour propager les méthodes de production les plus économiques et les plus efficaces.

Il existe encore au Canada beaucoup de cultures défectueuses.

Dans la culture des céréales, des racines et des herbes, les principales fautes sont le défaut d'un changement périodique et d'un choix convenable des graines, d'un bon système de rotation des récoltes, d'un labour profond et d'une connaissance suffisante de la valeur et de l'emploi approprié des engrais.

Sur les anciennes terres, la valeur de ces derniers est mal appréciée dans beaucoup de cas, et une proportion considérable de leur pouvoir fertilisant est neutralisée par une exposition trop prolongée à l'air, et par la perte de leurs parties liquides.

Dans l'élevage des animaux, c'est le trop petit nombre de mâles pur sang qui entrave l'essor de cette branche agricole, rendant cependant d'importants résultats, de même que le défaut de savoir adapter les races aux conditions particulières des différentes parties du terroir.

Dans la production du beurre, on ne donne pas assez de soin au lait et trop peu d'attention au choix des vaches laitières ; la nourriture qui est distribuée à celles-ci n'est pas assez nutritive, et n'a pas les qualités les plus propres à la secrétion du lait. Les qualités inférieures de beurre sont en grande partie le résultat d'un défaut d'habileté ou des connaissances requises pour sa fabrication, et de l'absence d'appareils perfectionnés.

Dans la fabrication du fromage, on observe aussi un manque d'habileté et de connaissances techniques. La qualité de la présure est négligée, ainsi que le choix des matériaux dont on se sert pour l'empaquetage. Il est à remarquer que les bâtiments employés comme fromageries sont la plupart construits trop légèrement pour offrir une protection convenable contre les changements atmosphériques.

Dans la culture des arbres fruitiers on ressent un grand besoin de variétés plus vigoureuses et se conservant mieux. On manque de connaissances spéciales sur les maladies et sur les insectes auxquels les arbres fruitiers sont exposés, et cette culture deviendrait bien plus lucrative par l'introduction d'espèces mieux adaptées au pays et de méthodes propres à combattre les ennemis des vergers.

Comme on peut s'en rendre facilement compte, l'agriculture au Canada est encore, non pas à l'état d'enfance, mais loin de donner à ceux qui la pratiquent tous les avantages que sauraient obtenir des hommes expérimentés, arrivant dans ces contrées fertiles avec un bagage de connaissances acquises, leur permettant d'appliquer avec discernement sur des terrains nouveaux, qui veulent être exploités, tout ce que l'étude et l'expérience de chaque jour les a forcés d'apprendre sur le sol épuisé de notre vieux continent.

De quelles conséquences heureuses ne serait pas susceptible un tel mouvement !

CONCESSIONS DES TERRES

Chaque province de la Confédération a un système particulier d'octroi gratuit des terres publiques pour la colonisation.

L'ILE DU PRINCE-EDOUARD n'a plus de terres publiques disponibles. Les terres arables appartiennent, à peu d'exceptions près, à de riches propriétaires étrangers dont les habitants de cette province ne sont que les fermiers.

LA NOUVELLE-ECOSSE concède aux colons des lots de 40 hectares au prix de 224 francs chaque lot.

LE NOUVEAU-BRUNSWICK donne encore des concessions gratuites.

LA PROVINCE D'ONTARIO concède gratuitement des lots de 80 hectares sous certaines conditions.

Chaque chef de famille peut également obtenir des lots de 40 hectares pour chacun de ses enfants âgés de plus de dix-huit ans, sans distinction de sexe.

Le titre définitif de propriété n'est remis par le gouvernement qu'au bout de cinq années d'occupation, quand il a été prouvé que six hectares ont été défrichés par lot de 40 hectares, que les concessionnaires y ont résidé au moins six mois chaque année, et qu'ils y ont construit une maison de vingt pieds de longs sur seize de large.

Des privilèges spéciaux sont accordés aux colons afin de leur permettre d'élever leur famille et de défricher leur propriété sans courir le risque de se voir enlever le fruit de leurs travaux.

La Province de Québec cède des terres à des prix variant de 2 frs 25 à 6 frs 75 l'hectare, par lots de 80 hectares 94 ares, avec facilité d'acquisition d'autant de lots que le colon a de fils. Un cinquième du montant total de l'achat se paie comptant et le reste en quatre paiements annuels, portant intérêt à raison de 6 % l'an.

Cette province fait également des octrois gratuits de terre, par lots de 40 hectares 47 ares, à toute personne âgée d'au moins 18 ans, occupant le terrain ainsi concédé dans le mois qui suit la date du permis d'occupation.

Le concessionnaire n'est mis en possession de son titre définitif qu'au bout de quatre années, s'il a mis en culture quatre hectares 85 ares, et construit une maison d'au moins douze pieds carrés.

Une loi votée par la législature de 1868, accorde aux colons des privilèges très étendus, dans le but de les protéger contre des revers de fortune, dans les premières années de leur installation, et exempte de saisie depuis le jour de l'occupation du sol et pendant dix années après la délivrance du titre de propriété, ses effets, instruments, bêtes de somme et provisions en proportion très large.

Le Nord-Ouest de la Confédération est divisé en townships ou cantons, d'une contenance de *six milles* carrés chacun. Ces townships contiennent trente-six sections mesurant 640 acres, lesquelles sont elles-mêmes subdivisées en quarts de sections de 160 acres. Des chemins de la largeur d'une chaîne ; (20 mètres) sont réservés entre les sections, en allant du nord au sud, et entre chaque deux sections de l'est à l'ouest.

Nous donnons ci-dessous la division d'un township :

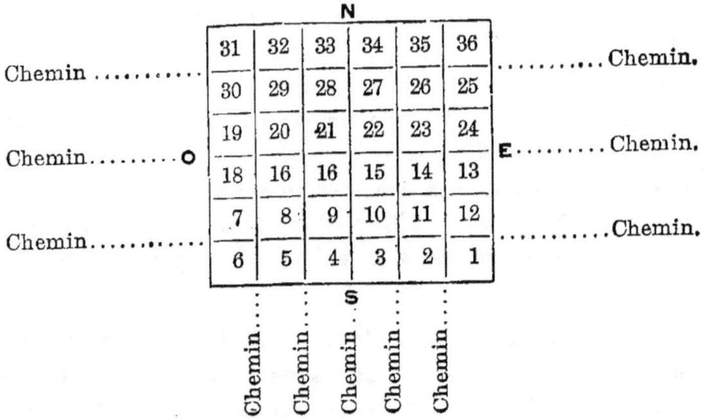

N

31	32	33	34	35	36
30	29	28	27	26	25
19	20	21	22	23	24
18	16	16	15	14	13
7	8	9	10	11	12
6	5	4	3	2	1

S

Chemin .... Chemin.
Chemin .... O   E .... Chemin.
Chemin .... Chemin.

Chemin / Chemin / Chemin / Chemin / Chemin

Le chemin de fer du Pacifique Canadien a, par son contrat avec le gouvernement, une concession de 25,000,000 d'acres de terre, qui, sur une étendue de 24 milles de chaque côté de sa voie principale, comprennent tous les numéros impairs des sections des townships, sauf les numéros 11 et 29 réservés par le gouvernement pour les fins de l'éducation. Enfin, tous les numéros pairs, excepté les numéros 8 et 26 appartenant à la compagnie de la Baie d'Hudson, sont réservés par le gouvernement pour les *homesteads* et préemptions.

Le *homestead* est l'octroi gratuit par le gouvernement d'un quart de section, c'est-à-dire 160 acres ou 64 hectares, à choisir sur les terres lui appartenant, et le droit de préemption est la faculté réservée au colon d'acheter, de préférence à tout autre, le quart de section attenant à son *homestead*, à des prix variant de 10 à 15 francs l'acre (25 à 37 francs l'hectare).

Un colon et chacun de ses enfants, âgé d'au moins 18 ans, peuvent choisir un *homestead* sur les terres du gouvernement, et jouir de leur droit de préemption.

Les conditions du *homestead* sont comme suit :

Payer 50 francs en faisant inscrire son nom au bureau des terres. Résider sur son lot au moins six mois par année, pendant trois ans à compter du jour qu'on a pris son octroi ; préparer sur son *homestead* pendant la première année dix acres de terre (4 hectares) ; pendant la seconde année semer ces dix acres et en préparer quinze autres (six hectares et demi) ; pendant la troisième année semer ces vingt-cinq acres et en préparer en sus quinze nouveaux ; enfin construire sur son *homestead* une maison habitable. Lorsque ces conditions ont été remplies, après trois ans, le colon reçoit, sans débourser un sou, ses lettres patentes, et il devient propriétaire indiscutable et indiscuté. L'expérience a démontré la sagesse de ces dispositions de la loi, tant pour le bien du pays que pour celui de l'émigrant.

Le chemin de fer du Pacifique vend ses terres depuis $2.50 l'acre (13 francs) et plus sous certaines conditions de culture.

Les règlements en vigueur depuis 1882 répartissent les terres du Manitoba et des Territoires du Nord-Ouest en quatre catégories :

A. Terres situées d'un côté ou de l'autre de la voie principale du chemin de fer Canadien du Pacifique, et de ses voies de raccordement dans un rayon de vingt-quatre milles.

B. Terres situées d'un côté ou de l'autre de tout chemin de fer projeté (autre que le chemin de fer Canadien du Pacifique) approuvé par un arrêté du Conseil, publié dans la *Gazette du Canada*, et dans un rayon de douze milles.

C. Terres situées au sud de la voie principale du chemin de fer Canadien du Pacifique, et non comprises dans les classes **A** et **B**.

D. Terres autres que celles comprises dans les classes **A**, **B** et **C**. Il va sans dire que le gouvernement s'est réservé les droits les plus étendus, pour vendre et disposer des terres, et que la porte est largement ouverte aux exploitations agricoles qui rencontreraient au Canada toutes les facilités pour s'établir dans des conditions exceptionnelles.

IV

FORÊTS

—

Les provinces de l'Est ont trouvé pendant de longues années une source de richesse dans les produits des forêts, dont les trésors ne peuvent être comparés à ceux d'aucune terre. Cependant le moment est venu où il faut se préoccuper de mettre un frein au gaspillage irréfléchi qui a été fait de ces précieuses ressources.

L'ignorance de la plupart des colons en matière d'économie forestière, l'incompétence de ceux qui les dirigeaient, ont laissé commettre bien des fautes ; mais il est juste d'ajouter que, répandus en trop petit nombre sur une trop grande superficie, ils ne pouvaient réglémenter sciemment cette importante branche de production, qui, couvrant des territoires immenses, pourra, quand la science y aura pénétré, donner lieu à la création de puissants établissements dont ceux qui existent déjà peuvent donner une idée.

Nous donnons ci-dessous la liste des différentes essences de bois du Canada et leur emploi :

Constructions navales. — Le cèdre, le pin, l'épinette, le sapin, le chêne, l'orme, l'épinette rouge, le merisier rouge.

Charpente de maison.—Le pin, le chêne, le bois blanc, le frêne, l'épinette, le châtaignier, le bouleau.

Bassins, pilotis, moulins hydrauliques. — La pruche, l'orme, le hêtre, le merisier, le chêne.

Charpente et machines.—Le frêne, le hêtre, le mérisier, le pin, l'orme, le chêne.

Modèles de fonderie.—L'aulne et le pin.

Rouleaux et dents de roues.—Le cormier, le charme, le bois de fer.

Machines de moulins. – Le pommier sauvage.

Meubles et ébénisterie ordinaire.—Le bouleau, le mérisier, le cèdre, le cerisier, le pin, le bois blanc, le frêne.

Ebénisterie de luxe.—L'érable, le chêne, le noyer tendre, le noyer dur, le cerisier, le châtaignier, le cèdre, le tulipier, l'aulne.

Tonnellerie.—Le sapin, le cèdre, le chêne, le frêne, le peuplier.

Instruments aratoires et charronnage.— Le hêtre, l'orme, le chêne, le noyer, le frêne, le bois blanc, le saule.

Manches de hache.—Le bouleau, le frêne, le noyer, le hêtre, le charme, le bois de fer.

Traverses de chemin de fer.—L'épinette rouge, le cèdre, le chêne, le frêne, la pruche, le châtaignier, le hêtre, le charme, le bois de fer.

Gravure et ouvrages au tour.—Le bois blanc, le saule, l'aulne rouge, l'arbousier, le cornouiller.

Fuseaux et bobines.—Le merisier et le peuplier.

Fabrication du papier.—Le peuplier et le bois blanc.

On relève dans le recensement de 1881, (1) trente-quatre genres d'industries ou métiers, tirant leurs matières premières des forêts.

Le tableau ci-dessous en donne le détail. La valeur de leurs produits dépassait à cette époque 500,000,000 de francs.

(1) Le recensement de 1881 auquel nous avons emprunté des données fondamentales peut être cité comme modèle type. Ce travail contenant tous les détails les plus minutieux est dû à l'éminent économiste le Dr. Taché, Député Ministre du Département de l'agriculture, qui en a dirigé la confection avec une rare habileté.

Industries, Fabriques, Manufactures.	Nombres.	Personnes.	Valeur des produits.
Instruments d'agriculture	234	3,656	$ 4,405,397
Ebénistes et meubliers	1,169	6,957	5,471,742
Charpentiers et menuisiers	2,194	5,702	3,893,910
Charrons	3,143	8,703	6,579,082
Tonnelleries	1,430	3,277	1,808,929
Scieries mécaniques	5,390	42,805	38,569,652
Manufactures de bardeaux	801	2,389	766,998
Tanneries	1,012	5,491	15,144,535
Construction de bateaux	216	421	173,831
Manufactures de balais et de brosses	91	957	762,884
Fabriques de potasse et de perlasse	225	467	345,096
Manufactures de pompes	237	470	377,975
" de châssis et de portes	356	2,878	4,872,362
Chantiers de constructions navales	227	4,454	3,557,258
Fabrication de paniers	68	227	55,651
Charbonneries	32	83	70,030
Manufactures de rouets	22	41	24,912
Etablissements pour tourner le bois	80	604	431,797
" de sculpture et de dorure	82	500	516,675
Manufactures d'allumettes	22	1,062	511,250
" de coffres et de boîtes	44	626	677,877
" d'extraits d'écorces	4	140	286,250
" de tables de billards	3	20	44,827
Ouvrages de locomotives et de chars	17	3,154	3,956,361
Attirail de pêche	2	6	7,050
Manufactures de formes à chaussures	11	118	77,900
" de seaux et de cuves	20	150	120,935
" de cadres	1	2	5,000
Moulins à varloper	66	633	992,201
Manufactures de douves, de tonneaux et de planches pour les boîtes à sucre	35	80	228,785
Manufactures de douves	31	265	168,520
" de gournables	1	2	1,400
" de stores	11	53	59,450
Moulins à pulpe	5	68	63,200
	17,577	95,741	$95,029,828

On pourrait facilement améliorer ou introduire certaines industries des forêts, par exemple, les extraits pour tanneries. Les nattes, le charbon de bois, sont très négligés. On ne produit pas de térébenthine.

Le sucre d'érable dont la production annuelle dépasse 20,000,000 de livres, ne compte dans les exportations de 1884 que pour 391,348 livres, estimées à $25,018, presque uniquement expédiées aux Etats-Unis.

M. H. B. Small s'exprime ainsi dans un rapport sur les forêts du Canada et leurs produits :

LIMITES A BOIS DE LA CONFÉDÉRATION.

" Les plus importantes limites à bois de la Puissance peuvent être brièvement classées : une description plus détaillée de chacune d'elles sera donnée dans leurs provinces respectives. Commençant par les côtes du Pacifique, nous dirons que les forêts de la Colombie anglaise ont encore été à peine attaquées par les marchands de bois, et que les arbres atteignent une grosseur excédant celle des autres limites. Cela est attribué à la douceur et à l'humidité du climat. La forêt n'est pas limitée à aucune partie de la province, mais elle s'étend presque d'un bout à l'autre. S'avançant à l'est des Montagnes Rocheuses vers la province d'Ontario, on trouve, dispersées çà et là, des régions de terres bien boisées mais non d'une étendue qui permette de les classer avec les autres terres dont le bois est retiré pour l'exportation. Dans les provinces aînées, les terres à bois sont situées au nord des lacs Supérieur et Huron, sur les terres de la baie Georgienne, de la région du Nipissing et du Muskoka, dans la région traversée par les rivières Ottawa, Saint-Maurice, Saguenay et leurs tributaires, les townships à l'est de Québec et les terres au sud du Saint-Laurent jusqu'au Golfe, y compris Gaspé, la région située au nord du Saint-Laurent depuis le Saguenay jusqu'à la Betsiamis et même plus bas jusqu'à Mingan et dans la contrée arrosée par les rivières Saint-Jean, Miramichi, Ristigouche et leurs tributaires. Ces limites, dans plusieurs endroits, sont isolées, et ont, à quelques exceptions près, été exploitées pour en avoir du pin de première qualité, mais renferment encore une quantité immense d'épinettes, principalement dans l'Est.

" Les marchands s'avancent chaque année dans la forêt. Tous les tributaires accessibles des rivières Ottawa, Madawaska, Bonnechère, Pétawan, Mississipi et autres, ont été exploités depuis des années du côté d'Ontario, tandis que du côté de Québec ils ont à peine atteint la source de tous ces tributaires, les rivières Rouge, du Lièvre, la Gatineau, Jean-de-terre, le lac Kakebonga, le lac des Rapides, et ils continuent leurs travaux le long des lacs Témiscamingue et Keepawa. Sur le Saint-Maurice ils sont rendus jusqu'au lac Manooran à l'ouest, et du côté est, le Bostonnais et la rivière Croche ont été dépouillés de leur beau pin, qu'on cherche maintenant seulement aux sources de ces rivières.

" Dans la région du Saguenay, il ne reste plus qu'une quantité limitée de pin au sud du lac Saint-Jean, mais une quantité d'épinette n'a pas encore été touchée.

" Au nord du lac Saint-Jean, il y a de bons pins, de même que sur les rivières Shispha, le bas du Saguenay, les rivières Sainte-Marguerite et le petit Saint-Jean.

"Quant aux grandes rivières qui se jettent dans le lac Saint-Jean, le gros pin est presque complètement disparu, sur les parties basses, et le reste de la contrée qui se trouve sur ces rivières, est un immense désert brûlé dont le sol végétal même a été détruit par le feu. La grande région située entre le Saint-Maurice et l'Ottawa est éclaircie de part en part et le marchand de bois d'Ottawa a rencontré son compagnon de travail du Saint-Maurice sur les terres du Manooran.

" Au nord du lac Temiscamingue et de la rivière Montréal, il y a très peu de distance avant d'atteindre la hauteur des terres, la ligne divisant les eaux qui coulent vers le Saint-Laurent de celles qui se jettent dans la Baie d'Hudson. On trouve du beau pin le long des sources de l'Ottawa. Au delà de cette hauteur de terre, les eaux coulent vers le nord, et les rivières qui se jettent dans la Baie d'Hudson encourageront sans doute nos marchands de bois à l'ouverture de la navigation par le Détroit d'Hudson, à tourner leurs efforts dans cette direction. Une grande quantité de bois peut être obtenue là, non-seulement pour l'exportation, mais aussi pour la consommation du pays situé dans les régions déboisées du grand Nord-Ouest. Il y a dans les endroits ci-dessus mentionnés une grande quantité de pin et d'épinette de seconde qualité qui suppléera aux besoins locaux de plusieurs générations, si on en prend soin, mais la première qualité de pin requise pour garder notre grand commerce de bois ce qu'il a été jusqu'ici, devient, excepté dans la Colombie anglaise, rare et inaccessi le.

" En ce qui concerne la quantité de pin qui reste, des faits étonnants furent mentionnés à la Convention Forestière à Montréal, en 1882, par M. Little et d'autres autorités bien connues. M. Little dit qu'au Canada (lui apparemment ne comprenait pas la Colombie anglaise) il ne nous restait que dix mille millions de pieds de pin de première qualité (Québec 5,000, Ontario 3,500 et les Provinces Maritimes 1,500), tandis que nous coupons mille millions de pieds annuellement. D'après ce calcul, on peut voir combien il faudra de temps pour épuiser ce qui en reste."

Enfin, la science forestière fait presque totalement défaut au Canada. La prodigalité de la nature sous ce rapport, semble avoir fait négliger au Canadien l'étude, même élémentaire, des premières lois fondamentales de la richesse d'un pays où quelques-uns de nos forestiers pourraient rendre les plus grands services et se créer des exploitations sans rivales.

LIMITES A BOIS.—RÈGLEMENTS

Les demandes progressives du bois carré manufacturé ont donne une énorme valeur aux limites à bois. Des explorations ont été faites dans les contrées reculées, et les régions depuis longtemps négligées ont pris de la valeur. Les limites à bois varient en grandeur selon les moyens du locataire. Plusieurs des plus grands établissements contiennent des centaines de milles carrés. Le gouvernement de Québec et celui d'Ontario n'abandonnent jamais leurs droits de propriété. Ils gardent invariablement le fief ou droit de propriété, employant à peine l'usufruit.

Le bail de ces limites est adjugé par encan ou par vente privée, à *tant* du mille carré. Les licences doivent être renouvelées chaque année, et les licenciés payent annuellement deux piastres par mille. Toute espèce de bois coupé avec licence dans la province d'Ontario, est sujet au paiement des droits de la Couronne.

ONTARIO

	$	cts.
Noyer noir et chêne, par pied cube	0	03
Orme, frêne, épinette rouge et érable, par pied cube	0	02
Pin rouge et pin résineux, bouleau, bois blanc, cèdre, peuplier du Canada, bois de douves, par pied cube	0	01¼
Autres bois, par pied cube	0	01
Pin rouge et pin résineux, bois blanc, peuplier du Canada, billots sciés, par étalon, de 200 pieds, mesure de la planche.	0	15
Noyer, chêne et érable, billots sciés par étalon, de 200 pieds, mesure de la planche	0	25
Pruche, épinette et autres bois, par étalon de 200 pieds, mesure de la planche	0	10
(Tout le bois choisi, non mesuré, billots devant être pris d'après la moyenne du tout et chargé au même taux.)		
Douves, tuyaux par mille	7	00

Douves, Indes Occidentales, par mille...................... 2 25
Bois de corde (dur) par corde............................... 0 20
     "   (mou)   " 0 12½
Pruche, écorce à tanner, par corde 0 30
Traverses de chemin de fer, courbes de vaisseaux, etc, chargés
    à 15 pour cent, *ad valorem*.

QUÉBEC

Toute espèce de bois coupé avec permis est soumis au tarif suivant :

	\$ cts.
Chêne et noyer, par pied cube....................................	0 04
Erable, orme, frêne et épinette rouge, par pied cube...........	0 02
Pin résineux et pin jaune, merisier, bois blanc, cèdre, épinette et autres bois carré....................................	0 02
Billots de pin, 13½ pieds de long, mesurant 17 pouces ou plus au plus petit diamètre, y compris les morceaux choisis, chacun...	0 22
Billots de pin, 13½ pieds de long, chacun......................	0 05½
Douves, tubes, par mille......................................	7 00
Douves, Indes Occidentales, par mille.........................	2 25
Bois de corde, dur, par corde.................................	0 16
" mou, "	0 08
Perches de cèdre, 10 à 12 pieds de long, par 100..............	0 25
Piquets de cèdre, par 100.....................................	0 15
Bardeaux de cèdre ou pin, courts, par 1000....................	0 08
" " " longs, "	0 15
Poteaux de télégraphe en cèdre, chacun.	0 06
Poteaux de cèdre, pour clôture, par pied......................	0 00½
" " pour blocs de clôture, par pied de longueur.	0 00¼
Perches de cèdre pour le houblon, par 100.....................	0 20
Perches d'autre bois que de cèdre, par 100....................	0 10
Piquets d'autre bois que le cèdre, par 100....................	0 05
Traverses de chemin de fer de toute espèce de bois, chacun....	0 02
Lattes de pruche, par corde...................................	0 15
Ecorce de pruche, par corde...................................	0 32
Billots de pruche, 13½ pieds de long, chacun..................	0 06
Billots de baumier, 13½ pieds de long, chacun.................	0 05
Billots de bois dur, ronds, comme le pin, chacun..............	0 22
Billots d'épinette rouge, ronds, chacun.......................	0 22
Varangues de bouleau, généralement de 28 pieds de long, chacune...	25 à 30
Courbes de vaisseaux, selon la dimension, chacune.............	5 à 25
Genoux, selon la grandeur, chacun..	10 à 35
Cèdre pour bardeaux, par corde................................	0 16
Pin pour bardeaux, par corde..................................	0 20
Drômes ronds ou équarris, par pied linéaire..................	0 00½
Drômes en pin ou épinette rouge, bois rond ou équarri, par pied linéaire...	0 01

Petites vergues rondes d'épinette rouge, moins de 10 pouces de
    diamètre, par pied linéaire................................ 0 00¼
Petites vergues rondes de pin ou d'épinette rouge, moins de
    10 pouces de diamètre, par pied linéaire.................... 0 00½
Bouleau rouge, par corde.. 0 30
    Il est défendu de couper les pins n'ayant pas 12 pouces de diamètre.

NOUVEAU-BRUNSWICK

Dans le Nouveau-Brunswick les limites à bois donnent rarement plus
de $8.00 par mille, soumis aux droits suivants :

	$ cts.
Billots d'épinette ou de pin, par mille pieds en superficie......	1 00
Bois dur, jusqu'à une moyenne de 14 pouces carrés, par tonne.	0 90
Bois dur, au-dessus de 14 pouces, par pouce additionnel, " .	0 10
Bois carré, pin, jusqu'à 14 pouces carrés, par tonne............	1 00
Bois carré, pin, pour chaque pouce additionnel, par tonne.....	0 25
Bois carré, épinette rouge, par tonne..........................	0 50
Bois carré, épinette, par tonne................................	0 50
Billots de cèdre, par pied, en superficie	0 80
Traverses de chemin de fer, chacune...........................	0 02
Mâts, chacun..	0 04
Bardeaux, par M..	0 20
Barres d'épinette ou de pin, par pied linéaire..................	0 01
Pruches, par pied, mesure en superficie (après le 31 mars 1884).	0 60

Et pour tout autre genre de bois, tels que courbes, etc., douze
    et demi pour cent, d'après la valeur du marché au moulin,
    lieu d'embarquement ou lieu de consommation dans
    la province. Durant chaque année successive pour laquelle
    la licence est renouvelée, comme suit :

Billots d'épinette ou de pin, par mille pieds, superficie........	1 25
Bois dur, carré, 14 pouces carrés en moyenne, par tonne.......	0 90
Bois dur, carré, au-dessus de 14 pouces, par pouce additionnel et par tonne..	0 10
Pin carré, jusqu'à 14 pouces carrés, par tonne.................	1 00
Pin carré, par pouce additionnel, par tonne...................	0 25
Epinette rouge, par tonne.....................................	0 50

Ainsi de suite tel que fixé par la loi.

La coupe de l'épinette et du pin d'au moins dix-huit pieds de
long et dix pouces au petit bout, est prohibée.

NOUVELLE-ECOSSE

Il n'est accordé ici aucune licence. Pour se procurer le droit de
commercer sur le bois, le terrain même doit être acheté de la Couronne.

MANITOBA ET TERRITOIRES DU NORD-OUEST

Une rente de terre de \$5.00 par mille carré et une taxe additionnelle de cinq pour cent sur le montant des ventes, de tous les produits, sont retenues par le gouvernement fédéral, dans les provinces du Manitoba et les Territoires du Nord-Ouest.

COLOMBIE ANGLAISE

Il n'y a pas de règlement pour la Colombie anglaise ; mais les terres doivent être achetées avant même que le bois soit coupé.

Il y a un acte du parlement 42 Victoria, chap. 31, défendant sévèrement la destruction inutile du bois, et on veille attentivement à ce que le feu n'y soit pas introduit. Un acte de la législature provinciale de Québec, 34 Victoria, chap. 19, (1871) fixe le temps où on doit brûler les jachères et protéger les forêts contre le feu. D'autres actes sont plus sévères encore que le premier : ceux de la législature provinciale d'Ontario, 41 Victoria, chap. 23, (1878) et des Statuts refondus de la province du Nouveau-Brunswick, chap. 107 (1877). Enfreindre ces règlements, c'est s'exposer à de fortes amendes.

GASPILLAGE DANS LA COUPE

En faisant du bois carré, on gaspille en coupant des arbres au-dessous de la grosseur moyenne, et en dépouillant indistinctement la pruche de son écorce. On estime ce gaspillage à un quart de l'entier en fabriquant du bois carré. Comme tous les arbres ne sont pas suffisamment sains pour faire du bois carré, plusieurs pins sont laissés sur le terrain et pourrissent. Il peut y avoir quelque chose de défectueux dans le cœur, ou la longueur, qui les rende impropres à la fabrication du bois carré, quoi qu'ils eussent pu faire de beaux billots de sciage. En arrivant en Angleterre, le bois carré est immédiatement coupé de la longueur requise par le commerce local, mais s'il était réduit sur place à ces dimensions, les marchands de bois du Canada pourraient disposer avec profit d'une quantité de morceaux qui sont complètement perdus. Dans la Norvège, tout le bois est exploité dans toutes les dimensions requises pour le commerce.

Abattre des arbres au-dessous de la moyenne, c'est tuer la poule aux œufs d'or, car l'avenir des forêts dépend de la croissance des jeunes arbres. Pour obtenir la permission de couper le bois, sur les terres publiques, d'après l'acte des terres de la Puissance, (35 Victoria, chap. 23, sect. 51) toute personne s'oblige d'empêcher toute destruction inutile de jeunes arbres de la part de ses hommes.

La destruction immodérée des forêts de pruches pour fournir l'écorce pour l'exportation, ruinant ainsi les arbres dépouillés, est une perte dont les effets se feront bientôt sentir dans les districts où elle s'opère. Il appartient aux gouvernements provinciaux d'arrêter cette trop grande destruction en octroyant les licences. (H. B. SMALL).

PRODUITS DES FORÊTS

Relevés d'après le recensement de 1881.

	Pieds cubes de pin équarri.
Pin blanc	40,729,047
Pin rouge	2,815,755
Chêne	5,670,894
Epinette rouge	4,653,575
Erable et merisier	4,414,795
Orme	3,191,968
Noyer noir	59,032
Noyer tendre	754,219
Noyer dur	387,619
Tous autres bois	48,956,958
Billots de pin	22,324,407
Billots d'autres bois	26,025,584
Mâts, espars, etc	192.241
Milliers de douves	41,881 milliers.
Cordes de lattes	98,311 cordes.
Cordes d'écorces à tanner	400,418 cordes.
Bois de chauffage	10,993,234 cordes.

TABLEAU SOMMAIRE DES EXPORTATIONS DES PRODUITS DES FORÊTS

Statistique du Commerce et de la Navigation du Canada
1er juillet 1883 au 30 juin 1884.

			Valeur.
Alcalis, potasse et perlasse	Barils	7,495	$224,544
Alcalis lavés			21,161
Ecorces pour tanneurs	Cordes	75,982	399,598
Tilleul, noyer tendre, noyer dur	M. pieds	1,250	29,951
Bois de chauffage	Cordes	158,697	353,829
Echalas à houblon, cercles et poteaux			181,046
Courbes et allonges	Pièces	23,943	18,691
Bois à lattes	Cordes	466	3,421
Bois en grume, pruche	M. pieds	4,869	19,639
" chêne	M. pieds	2,220	30,399
" pin	M. pieds	974	8,012
" épinette blanche	M. pieds	6,820	31,793
" tous autres	M. pieds	31,081	140,027
Bois de service chevrons	Pièces	24,242	4,244
" madriers	E. Et.	286,214	8,595,623
" bouts de madriers	E. Et.	12,744	315,815
" lattes, perches, piquets	Milles	212,584	351,460
" planches, madriers, solives	M. pieds	670,701	8,439,994
" voliges	M. pieds	16,361	118,133
" douves étalons	Milles	127	42,113
" aubres et fonds	Milles	55,231	291,562
" tout autre			158,877
Mâts et espars	Pièces	28,260	45,530
Rames	Paires	368	894
Bardeaux	Milles	91,951	207,984
Billots à bardeaux	Cordes	721	2,857
Traverses et liens de chem. de fer		1,429,319	415,313
Billots et douves	Cordes	47,408	132,183
Douves pour boîtes à sucre	Nombre	51,975	30,213

Bois de construction carré, savoir :

Frêne	Tonnes	9,098	115,005
Bouleau	"	42,393	301,204
Orme	"	16,303	215,913
Erable	"	759	8,383
Chêne	"	44.201	890,497
Pin rouge	"	26,605	207,792
Pin blanc	"	251,299	3,168,236
Tout autre	"	6,342	92,407
Autres bois			196,694

$25.811.157

CHASSE ET PÊCHE

La chasse.—Quand Champlain remonta le Saint-Laurent et vint fonder Québec, le Canada était couvert de forêts séculaires, dont la hauteur attestait l'ancienneté.

La chasse était la vie du sauvage. Les peuplades entières marchaient en famille à ces expéditions, les hommes pour tuer le gibier, les femmes pour le porter et le préparer.

La traite des pelleteries devint la base des rapports entre les Européens et les Indigènes, et le premier objet du commerce au Canada. Les peaux d'ours, de castor, de martre, de vison, de renard, de chevreuil, de loup-marin et d'autres animaux, étaient apportées sur les marchés, d'abord à Tadousac, puis aux Trois-Rivières. Avec le temps, Montréal attira seul toutes les pelleteries. Elles arrivaient au mois de juin, sur les canots d'écorce. C'est ainsi qu'on vit se former une espèce de foire où les Sauvages affluaient. Au temps le plus prospère de la colonie, ses exportations en pelleteries s'élevèrent à 1,200,000 livres, dont 800,000 livres en castor ; et les exportations en bois de toute espèce montaient à 150,000 livres, celles en huile de loup-marin à 250,000 livres, et celles en farines à une pareille somme. Ces objets réunis formaient déjà un total de deux millions cent cinquante mille livres. (2,150,000 fr.) Ce chiffre était bien loin encore de ceux de nos jours. (Les exportations du Canada ont atteint un total de $102,137,203 en 1882.) Mais si la production et le commerce général du Canada ont si prodigieusement augmenté, les produits de la chasse ont nécessairement diminué en raison de l'accroissement de la population et de leur empiètement sur les forêts. La chasse peut néanmoins s'exercer sur des territoires immenses.

La pêche.—La pêche, cette agriculture de la mer, compte au premier rang parmi les industries canadiennes.

Les pêcheries du Canada sont les plus considérables du monde.

Le développement des côtes maritimes des provinces de Québec, du Nouveau-Brunswick et de la Nouvelle-Ecosse, la surface des grands lacs et de ceux du Nord-Ouest, l'immense nappe d'eau salée enclavée dans le territoire de la Confédération sous les noms de Golfe Saint-Laurent et des baies des Chaleurs et de Fundy, forment ensemble ces vastes champs d'action dont la superficie totale de près de 145,000 milles carrés est sillonnée par plus de 52,000 pêcheurs vivant, avec leurs familles nombreuses, du produit de leur pêche sur toutes ces rives.

Déjà vers l'an 1373 la baleine était pourchassée dans les eaux du Golfe Saint-Laurent et sur les côtes du Labrador. Les progrès de la pêche autour de Terre-Neuve furent très tardifs. Il est curieux de rappeler que le voyageur Hore qui y aborda en 1536 manqua y périr, faute de subsistance, avec ses compagnons, quand le poisson pullulait autour d'eux ! Ce n'est qu'en 1540 que le Grand Banc fut bien connu et que des navires français commencèrent à pêcher sur les atterrages de Terre-Neuve.

Les pêcheries du Canada rendent annuellement plus de $17,000,-000.

Ce produit se chiffre comme suit pour l'année 1884 :

Nouvelle-Ecosse	$8,763,779.36
Nouveau-Brunswick	3,730,453.99
Québec	1,694,560.85
Colombie britannique	1,358,267.10
Ontario	1,133,724.26
Ile du Prince-Edouard	1,085,618.68
	$17,766,404.24

Ces quantités ne comprennent pas celle consommée par la population sauvage de la Colombie britannique, ni le rendement du Manitoba et des Territoires du Nord-Ouest.

D'après le Recensement de 1881

Nombre de navires	1,147
Nombre de barges	30,427
Equipages des navires	8,440
Equipages des barges	43,621
Graviers	7,992
Brasses de filets	3,150,259
Fascines	3,868
Quintaux de morue	1,130,771
Aigrefins Barbues Merlans	192,539
Barils de harengs	574,503
Barils de gaspareaux	28,856
Barils de maquereaux	248,031
Barils de sardines	25,384
Barils de flétan	2,799
Barils de saumon	73,897
Barils d'aloses	10,385
Barils d'anguilles	8,012
Barils de poisson blanc	48,781
Barils de truites	64,324
Barils d'autres poissons	170,052
Livres de homards en boîtes	11,983,648
Barils d'huîtres	189,127
Gallons de toutes huiles de poisson	870,323

Pisciculture.—Il y a aujourd'hui, dans les différentes provinces du Canada, treize établissements destinés à la propagation artificielle du poisson.

Le nombre total d'alevins distribués par les établissements ichtyogéniques s'est élevé en 1884 à 53,143,000, et la quantité d'œufs déposés au cours de l'automne de la même année est de 66,033,000.

VI

LES MINES

———

L'industrie minière est encore à ·l'état d'enfance dans la Confédération canadienne, qui·possède cependant des richesses minérales aussi considérables que variées, n'attendant que l'aide des capitaux·pour donner lieu à de très-grandes et très productives exploitations.

Nous estimons que ceux qui enverraient quelques-uns de nos ingénieurs explorer le pays ne perdraient ni le temps de ceux-ci ni leur propre argent.

Presque tous les minéraux connus se trouvent dans les diverses formations géologiques du Canada.

Les côtes de l'Atlantique, la chaîne des Laurentides, les régions des prairies elles-mêmes et la côte du Pacifique, concourent à former un ensemble qui peut rarement se retrouver dans d'autres contrées, et pour lequel la nature s'est montrée particulièrement libérale.

Dans les métaux et minéraux on trouve le fer sous forme de limonite, d'oligiste, d'hématite et de fer magnétique, le plomb, le cuivre natif ou en sulfures, le nickel, le cobalt, le zinc, l'argent, l'or, le platine et le mercure ;

Pour les fabriques de produits chimiques : les sulfates de baryte, molybdénite, cobaltine, bismuth, antimoine, manganèse, dolomite, magnésite, apatite et tufs calcaires ;

Pour les matériaux de construction, architecture, sculpture et arts décoratifs : les calcaires, les grès, le granit, l'ardoise et les argiles de diverses nuances ; les marbres blancs, noirs, veinés, vert clair, vert foncé, bruns, gris, etc ;

Pour le polissage et l'affutage : les pierres à repasser, les pierres à huile, les meules, la poudre d'émeri ;

Dans les minéraux réfractaires : l'asbeste, l'amiante, le mica, la pierre de savon (stéarite) le graphite, la plombagine, etc ;

Pour les arts : les pierres lithographiques, l'agathe, les jaspes, l'améthyste, etc ;

Enfin l'anthracite, le lignite, le sel, le pétrole, le bitume, etc.

Le Fer.—Le fer, le plomb et le cuivre se rencontrent à divers états dans toutes les provinces de la Confédération.

Le fer magnétique se trouve le long de la chaîne des Laurentides. On l'exploite à une seule place, à peu de distance d'Ottawa, mais on peut dire que la quantité de minerai est en quelque sorte illimitée. D'immenses blocs s'avancent sur la pente de la côte, qui contient, d'après les estimations officielles de 1885, plus de 288,000 tonnes de minerai, à sa surface, et 100,000,000 de tonnes de minerai accessible.

Les veines qui vont en descendant montrent une richesse qui augmente à mesure qu'on les approfondit. Une analyse faite à Boston a donné 67 p. 100 de fer métallique.

On trouve des dépôts de fer à grains magnétiques remarquablement riches, dont on fait le plus bel acier qui puisse être manufacturé, sur les terres du nord du golfe Saint-Laurent, à la rivière Moisie, et s'étendant le long de la côte de la Baie des Sept-Iles. Ces dépôts sont situés très favorablement pour le chargement des navires. Le fer de Moisie est de qualité supérieure ; le minerai est presque absolument exempt de soufre et de phosphore. De grandes quantités de limonites excellentes, gisent dans le district de Trois-Rivières. Les Forges et fonderies de Saint-Maurice furent établies par les Français en 1737. Elles sont comme un monument de l'entreprise des premiers colons dans cette région. Presque tout le fer produit dans ces forges est envoyé à Montréal où il est manufacturé en roues de wagon, et aussi pour faire des haches qui ont acquis une grande réputation parmi les travailleurs du bois.

Le fer spathique abonde sur la côte de la Baie d'Hudson et des quantités considérables de fer en grain magnétique, y sont respectées par les vagues.

On trouve le minerai de fer dans l'intérieur des Territoires du Nord-Ouest. (1)

Le Cuivre.—Le cuivre abonde et constitue un des plus importants trésors minéraux du pays.

Le Zinc.—Le zinc est sous forme de sulfure de blende dans l'Ontario et en petite quantité dans certaines parties des autres provinces.

L'argent.—L'argent se rencontre dans les provinces de Québec, Nouvelle-Ecosse, Nouveau-Brunswick, dans la Colombie anglaise et les Territoires du Nord-Ouest. Les terres au nord du Lac Supérieur sont riches en argent. L'Ilet d'Argent qui n'était en premier lieu qu'un simple rocher dont le plus grand diamètre est de 75 pieds et la plus grande hauteur au-dessus de l'eau d'environ 8 pieds, est situé à un demi-mille du bord, du côté nord, et à quelques milles du Cap Tonnerre ; cet îlet a obtenu le nom le plus célèbre de toutes les mines où on trouve l'argent. La mine fut découverte en 1868.

Depuis ce temps, la mine a été constamment exploitée ; elle a atteint une profondeur de 550 pieds au-dessous de la surface du Lac. On estime qu'on a retiré de l'argent de cette mine pour une valeur de $3,000,000. La galène argentifère est en abondance dans le district du Lac Supérieur.

L'Or.—L'or est disséminé sur divers points. On a estimé récemment le produit de la province de Québec, depuis la date de la découverte du précieux métal sur la rivière Chaudière, à un total de 117,000 onces. Des travaux dans les terrains d'alluvion près de Sherbrooke rapportent de beaux bénéfices. Les mines d'or de la Nouvelle-Ecosse sont l'une des principales richesses de cette province.

Une " loi des mines et minéraux " stipule que les mines de quartz (or) seront divisées en superficies de 150 pieds le long d'un

(1) Voir notice publiée par le Département de l'agriculture du gouvernement du Canada, 1885.

filon sur 250 pieds de forme rectangulaire et quardrilatère. Les baux sont donnés pour 21 ans. Les moulins à brocarder doivent être patentés et leurs registres sont ouverts à l'inspection publique. Cette inspection officielle offre une base solide sur laquelle on peut calculer les résultats.

Dans la Nouvelle-Ecosse la plupart des mines d'or sont situées près des eaux navigables et d'un accès facile. On peut miner et brocarder durant l'hiver. Le dernier rapport publié montre que le produit de 1883 a été de 15,446 onces provenant de 25,954 tonnes de quartz brocardé, 28 mines exploitées et 34 brocards.

Dans la Colombie anglaise, la valeur de l'or obtenu pendant vingt ans est estimée à quarante millions de piastres, à part ce qui a été enlevé par des Chinois. Le professeur Dawson cite 110 localités où l'on trouve de l'or dans cette province.

Le Platine.—Le platine se rencontre aussi dans les provinces de Québec, de la Nouvelle-Ecosse et de la Colombie anglaise.

Le Mercure ou Cinabre.—Le mercure ou cinabre se trouve dans les graviers de la Rivière-du-Loup, et dans d'autres localités de la province de Québec, dans l'Ontario et dans la Colombie anglaise.

Le Bismuth.—Le bismuth n'y est pas rare, mais très disséminé ou par traces. De longs cristaux prismatiques de sulfate de bismuth ont été trouvés sur le côté nord-est du petit lac Shusnap ; un filon est situé dans le lot 34 du troisième rang de Tudor ; c'est la seule localité de l'Ontario connue pour posséder ce métal. Dans le Nouveau-Brunswick, au comté d'York, il y a d'abondantes veines de quartz contenant de *l'antimoine.* Si on prend en considération, dit le rapport de l'arpenteur-général, le nombre, la forme et l'étendue des filons d'antimoine dans le voisinage du lac Georges, et la richesse du minéral qu'ils contiennent, c'est certainement la plus riche localité qui ait jamais été découverte dans le Nouveau-Brunswick, *l'une des premières contrées du monde produisant l'antimoine.*

Siderochrome.—Ce sel sert à préparer un oxide vert employé dans la peinture. On en fait aussi une encre indélébile ; il en entre dans la teinture pour l'impression des indiennes.   Il existe en très grandes quantités dans la province de Québec.

Manganèse.—Se trouve dans l'Ontario, la province de Québec, le Nouveau-Brunswick, la Nouvelle-Ecosse et dans les Territoires du Nord-Ouest.

L'Apatite ou Phosphate de Chaux.—Commun dans les pierres calcaires des Laurentides, ce minéral est quelquefois disséminé en petits cristaux bleus ou verts ; d'autres fois il est si abondant qu'il forme des rochers entiers et, dans quelques cas, compose des couches de phosphate d'un cristallin à peu près pur. Les demandes réitérées de phosphates comme fertilisateurs du sol, attirent l'attention sur la quantité considérable de ce minéral existant au Canada.

Dans l'Ontario un grand nombre de mines de phosphate sont exploitées et rapportent de beaux revenus.   On a fait à Portland de nombreuses découvertes d'apatite de belle apparence.   L'exploitation se fait sur un grand pied dans les townships de Hull et de Wakefield où la qualité de ce minéral est excellente.   " L'apatite " canadienne, d'après le professeur Hoffman, (rapport à la commis- " sion géologique) peut être considérée comme préférable à toute " autre pour la manufacture d'un superphosphate concentré ; " jusqu'à présent toute l'apatite canadienne appartient à la variété " " *fluor apatite*" et ressemble beaucoup à celle qui vient de plu- " sieurs mines européennes."

Les dépenses d'exploitation et du coût du transport de Buckingham en Angleterre sont d'environ $13 la tonne. 23,000 tonnes ont été expédiées du port de Montréal en 1884 (1) contre 15,000 tonnes en 1881.

Le Gypse.—Le gypse de l'Ontario est très pur et fait un très bon ciment et du stuc. Il en existe de vastes dépôts dans le Nouveau-Brunswick, et ceux de la Nouvelle-Ecosse sont sans égaux.

Dans l'opinion des géologistes, les mines *d'asbeste* de la vallée d'Ottawa sont destinées à devenir une industrie d'une haute importance.

L'Amiante.—La chrysotile du Canada n'est pas comme l'amiante ordinaire formée d'un paquet de fils. C'est une pierre qui

(1) Rapport du Ministre de l'agriculture pour l'année 1884.

se présente par couches de 3 à 10 centimètres d'épaisseur, composées de fibres transversales plus résistantes, mais plus faciles à filer, à tisser et à feutrer que l'amiante d'Europe.

L'amiante est appréciée d'après la longueur des fibres, la force, la couleur et la pureté du minéral.

Les mines de Colraine sont celles qui promettent le plus. Elles sont les plus riches et les plus considérables.

Les principaux gisements se trouvent dans les cantons de Thetford, Colraine, Broughton et Shipton.

Le minéral revient, dit-on, à un prix moyen de \$30, \$40 à \$50 la tonne. Le prix de vente du minéral brut, varie de \$60, \$80 à \$100 la tonne.

Les colons de ces cantons devraient se garder de détruire leur bois forestier en le brûlant, de le gaspiller dans le défrichement; ces gaspillages du bois par des feux de broussailles, d'arrachis, de menus et de gros arbres ont causé des pertes énormes et irréparables.

En compensation, on peut dire que les mines de chrysotile des cantons de l'Est sont inépuisables. "*On en extrairait 50,000 tonnes par année pendant des siècles, et il en resterait encore, et il en resterait toujours.*"

Dans les formations siluriennes métamorphosées des cantons de l'Est, la serpentine et le talc se sont entassés en masses énormes formant de véritables montagnes. La serpentine est susceptible du plus beau poli, ses nuances vertes, brunes, noires, jaunâtres, distribuées en lignes harmonieuses, en arabesques, en gerbes sont d'un magnifique effet.

C'est au cœur de ces masses compactes et imposantes et dans le talc ou pierre à savon que se trouve *la pierre à coton*, nom que le mineur canadien donne à la chrysotile.

Houille.—La Nouvelle-Ecosse est sans rivale pour les ressources productives de ses terrains houillers. La nature l'a en même temps favorisée de tout ce qui peut avantageusement en faciliter l'exploitation. La houille de Sydney est excellente pour les machines à vapeur et pour les besoins domestiques. On la détaille à Halifax à 30 et 80 centins de plus qu'aucune autre houille du Cap Breton. On envoie des quantités considérables de houille à

Terre-Neuve pour l'usage des bateaux à vapeur. La houille de Sydney est particulièrement adaptée à la fabrication du gaz. D'après les rapports de la commission géologique, le charbon qu'on peut retirer de cette mine s'élève au-delà de 212,000,000 de tonnes. Le coût pour tirer la houille de la mine et la transporter aux wagons varie, suivant la situation des houillères, de 60 cents à \$1.25 la tonne.

Plus d'un tiers de la province du Nouveau-Brunswick est formé de rochers composés de houille, qui offrent la variété ordinaire de conglomérés de grès et de schistes, qu'on rencontre encore dans d'autres localités avec de nombreux restes de fossiles caractéristiques.

Le minéral célèbre connu sous le nom d'*albertite* fut découvert en 1850, près du village de Hillsboro, dans le comté d'Albert. Quelques-uns l'ont regardé comme une vraie houille, d'autres comme une variété de jais, d'autres enfin comme un produit très rapproché de l'asphalte.

Depuis la première découverte des mines Albert, le total du minéral exporté s'élève à près de 200,000 tonnes. Ce minéral convient admirablement à la fabrication de l'huile et au mélange avec d'autres houilles pour la préparation du gaz d'éclairage. Il peut donner 100 gallons d'huile crue ou 14,500 pieds cubes de gaz par tonne. Ce gaz a un pouvoir d'éclairage supérieur. Employé avec d'autres houilles, il laisse un résidu très estimé. Le prix de vente varie de \$15 à \$20 (or) par tonne. Le coût du transport à Boston est de \$2.

La présence de la bonne houille dans la Colombie anglaise et son absence dans d'autres parties de la côte du Pacifique sont une grande faveur pour cette province.

On trouve de l'anthracite dans l'île de la Reine Charlotte.

A l'Ile New-Castle, les rochers perpendiculaires à l'eau offrent des sillons de houille. Les principaux travaux sont faits à Nanaïmo, les houilles de Wellington et de Harwood se vendent aux mines à raison de \$5 à \$6, et à San Francisco \$10 la tonne.

L'existence d'une belle qualité de houille en quantités presque illimitées, sur le bord de la mer, ne peut manquer d'être d'une très grande importance maintenant que la compagnie du Pacifique a doté le pays d'une des plus grandes voies ferrées du monde. Comme tous les chemins de fer transcontinentaux s'uniront sur la côte du Pacifique, avec les bateaux à vapeur océaniques, ceux-ci s'approvisionneront de houille pour les besoins de l'industrie dans la seule région du Pacifique nord qui puisse la fournir.

TERRITOIRES DU NORD-OUEST

La rareté générale du bois fait de la houille une matière de très grande importance pour la colonisation du Nord-Ouest. Les bancs de la rivière Saskatchewan sont intersectés par des ravins au fond desquels affleurent des veines de houille. On enfonce des leviers sans qu'il soit besoin de percer la mine, le seul ouvrage nécessaire est un puits pour avoir de l'air. Les terrains houillers sont illimités et on peut dire illimitables, et comme la population va toujours en augmentant, avec le temps des centres manufacturiers s'élèveront dans ces régions. Une mine fut ouverte, il y a deux ou trois ans, à 600 milles de Winnipeg. La houille qui en a été retirée est vendue à Winnipeg $9.00 la tonne. On en retire environ 200 tonnes par jour, revenant sur la mine à $2.00.

Des couches de houille s'étendent depuis la rivière Sainte-Marie jusqu'à la rivière du Daim rouge, des affleurements sont fréquents depuis la pointe ouest jusqu'au cœur des Montagnes Rocheuses ; dans le sud du Manitoba, les terrains houillers de Souris produisent un lignite, et l'on n'attend pour les exploiter, que les communications du chemin de fer.

Sel.—Des opérations de sondage jusqu'à une profondeur de 1010 pieds, à la recherche du pétrole, à Goderich amenèrent à découvrir l'existence d'un grand bassin contenant du sel qui pouvait être avantageusement exploité.

La formation saline de l'Etat de New-York traverse la rivière Niagara au-dessus de la chute, et entre dans Ontario où l'on retrouve sa trace vers l'ouest, à Brantford, de là au nord-est de Southampton, à l'embouchure de la rivière Sangeen, sur le lac Huron, et se rend ensuite à Goderich où disparaissent les plus hautes couches. La bande passant sous le lac Huron, l'affleurement apparaît de nouveau dans les îles Duck et au détroit de Mackinaw.

On a creusé plusieurs puits à Goderich, à Clinton, à Seaforth, à Kincardine. La saumure est d'une grande force et la fabrication du sel par la chaleur artificielle se fait sur chacun d'eux. Une grande partie de cet article manufacturé est expédiée aux Etats-Unis.

On trouve du sel en cristaux dans plusieurs carrières de gypse de la Nouvelle-Ecosse ; on y trouve aussi un grand nombre d'eaux salines jaillissantes. Les sources minérales dispersées sur divers points sont les seules manifestations de matière saline dans la province de Québec.

Un cours d'eau considérable nommé la rivière Salée, se jette dans la rivière des Esclaves, à 100 milles en aval du fort Chippenyan. A quelque distance en amont de cette rivière, un nombre de sources salées sont dispersées sur une vaste plaine, et autour de ces sources il y a des accumulations de sel. Chaque automne, la Compagnie de la Baie d'Hudson envoie un bateau qui se charge du plus beau sel, mis en sacs. " Des hommes qui ont été " là, écrit le professeur Macoun, ont dit que le sel était d'une étendue et d'une profondeur inconnues."

On rapporte qu'à mi-chemin entre le lac des Esclaves et celui du Grand-Ours, il y a une région où l'on trouve le sel sur un espace si grand, qu'il faut une demi-journée pour le traverser.

Pétrole.—Le commerce du pétrole tient place au premier rang dans les industries canadiennes. Il emploie un capital d'au moins $10,000,000.

La région où le pétrole cru s'obtient dans l'Ontario est très-étendue. La partie ouest de la province est la section la plus exploitée. Les endroits qui produisent le plus d'huile sont Bothwell, dans le comté de Kent, Enniskillen et Pétrolia, dans Lambton. La formation dans laquelle l'huile est trouvée, à une profondeur de 400 à 500 pieds, est une pierre calcaire carbonifère, couverte de graviers et d'argile.

Dans la province de Québec, on a observé que le pétrole vient des roches dévoniennes, dans le voisinage de Gaspé.

Près de Douglastown, une source de pétrole suinte des vases de la grève, et on le voit en globules sur l'eau, une autre source semblable existe sur le ruisseau d'Argent. Plusieurs localités dans le voisinage de Gaspé donnent ce produit. L'huile est en pellicules épaisses sur la surface des étangs. A la rivière à la Rose, Montmorency, le pétrole sort en gouttes des fossiles, venant probablement des restes organiques. (Géologie du Canada, p. 521).

Les matériaux propres à la construction, au dallage, au pavage, se rencontrent dans toutes les provinces. Le quartz blanc, le grès silicieux pour la fabrication du verre, le basalte pour le verre noir existent aussi. Quoique rare, on trouve le kaolin pour la porcelaine.

Parmi les pierres précieuses, mentionnons encore les agates, le jaspe et les améthystes du Lac Supérieur, si remarquables par leur beauté Les premiers colons français en envoyèrent des quantités en France, et l'on cite une très belle améthyste qui fut divisée en deux parties et placée sur la couronne du roi de France. Les grenats sont communs dans les terrains aurifères et associés aux roches qui renferment ce métal.

Le résumé ci-dessous, d'après le recensement du Canada, 1881, vol. III page 320, indique l'importance de chacun des produits minéraux pendant l'année 1880-81.

Or	70,015	onces.
Argent	87,024	"
Cuivre	8,177	tonnes.
Fer	223,057	"
Pyrites	20,770	"
Manganèse	2,449	"
Minéraux divers	5,924	"
Charbon	1,307,824	"
Plombagine	28	"
Gypse	183,076	"
Phosphate de chaux	14,747	"
Mica	16,076	livres.
Pétrole non raffiné	15,490,622	gallons
Sel	472,074	tonnes.
Marbre	40,126	p. cubes.
Pierre de taille	8,141,227	"
Ardoise	10,536	p. carrés.

Pour le commerce d'exportation, le tableau sommaire ci-après, montre les exportations totales du produit des mines pendant l'année 1883-84. Il est extrait des tableaux du commerce et de la Navigation du Canada pour l'exercice terminé le 30 juin 1884, d'après les rapports officiels, imprimés par ordre du Parlement.

	Tonnes.	Valeur.
Houille	451,631	$1,201,172
Or, quartz aurifère, pépites..........	..... .	952,131
Gypse naturel.........................	155,851	160,607
Huiles minérales naturelles...........	325,461	7,043
" " raffinées	2,102	503
Minerais. Antimoine..................	132	4,855
Cuivre rouge................	1,677	214,044
Fer	25,308	66,549
Plomb......................	......	5
Manganèse..................	885	15,851
Argent	37	12,920
Phosphates............................	21,471	453,322
Sel........ ....Boisseaux	181,742	17,408
Sable et gravier...............Tonnes	61,575	14,152
Ardoise........	864	11,445
Pierre et marbre non ouvrés	1,294	52,478
Autres articles........................	......	62,607
Total produit des mines exporté.............		$3,247,092

Cette rapide revue des ressources minérales du Canada,
démontre suffisamment que le pays possède assez de trésors sous
son sol, pour enrichir non-seulement sa propre population, mais
ceux qui pourront l'aider à déterrer tant de richesses.

VII

INDUSTRIES MANUFACTURIÈRES

———

Les productions de l'Industrie Manufacturière ne classent pas le Canada au rang des nations importantes sous ce rapport, et il est loin encore d'atteindre dans cette voie ses voisins les Etats-Unis ; mais un pays où la nature offre en abondance les matières premières et les forces motrices, est indubitablement appelé à un très grand développement industriel, qui marchera avec l'accroissement de la population.

Le Canada possède déjà un assez grand nombre de fabriques de tissus de coton et de laine, de clous, de meubles, des manufactures de chaussures et des papeteries. Il faudrait citer aussi une foule de petites industries indigènes, telles que la fabrication des chapeaux de paille que la femme du cultivateur tresse pendant les veillées d'hiver, et les tissages de lin et de laine que la famille industrieuse travaille à domicile pour ses besoins.

VIII

COMMERCE

Avant d'aborder l'étude des questions commerciales qui intéressent à un si haut dégré la France, et que nous nous sommes tout
spécialement attachés à approfondir pendant notre séjour au Canada,
nous croyons utile de relever une erreur très répandue dans notre
monde commercial même erreur que déjà nous avons à maintes
reprises essayé de rectifier.

Le commerce français semble avoir une tendance à s'éloigner des
colonies anglaises dont la prospérité toujours croissante devrait
cependant nous attirer, car le développement de la population rendra longtemps encore ces contrées tributaires des vieux pays, pour
les produits manufacturés.

L'Angleterre ne peut pas plus à elle seule peupler ses immenses
colonies, qu'elle n'est capable de les pourvoir de tous les produits dont elles ont besoin. Elle ne l'ignore pas. Mais il y a plus.
On croit en France que le Royaume Uni a dans ses propres colonies
des privilèges considérables et exclusifs, quant à l'entrée des productions qu'il y importe, c'est-à-dire, qu'il jouit d'un tarif spécial
réduit ou même de la franchise dans ses transactions avec ses possessions. C'est une erreur. L'autonomie des colonies britanniques est complète. Le rôle de l'Angleterre se réduit à un protec-
torat si platonique que les droits de douane sont perçus sur les produits qui viennent de la métropole, comme sur n'importe quelle
autre marchandise étrangère.

Le seul avantage que l'Angleterre ait sur les autres nations c'est
que l'administration est entre les mains de sujets d'origine anglaise.

la plupart du temps, encore qu'au Canada, par exemple, trois des ministres de la Confédération soient Canadiens-français ainsi que bon nombre de fonctionnaires et quantité de sénateurs et de députés. Il en est de même dans les provinces où l'élément français est en nombre suffisant pour se faire représenter.

Mais, règle générale, l'administration des colonies anglaises étant entre les mains de nationaux ou de descendants de nationaux, l'émigration de la métropole s'y porte plus aisément que vers les pays étrangers, et cette émigration suffit à elle seule pour nouer des relations commerciales qui ne demandent à aucun privilège le secours dont elles n'ont pas besoin pour s'étendre.

Nous pouvons donc commercer avec les colonies anglaises aussi bien que l'Angleterre elle-même et avec le Canada mieux encore qu'avec aucune autre, puisque là les obstacles que l'on pourrait objecter à l'égard des autres colonies n'existent pas pour nous. Nous pouvons y correspondre dans notre propre langue, et nous y trouvons un tiers de la population de la même origine que nous, ayant le très vif désir d'entrer en relations directes avec leur ancienne mère-patrie.

Il ne tient donc uniquement qu'à nous-mêmes d'occuper dans le commerce du Canada la place que nous pouvons facilement y prendre. Rien ne nous en empêche, et tout nous y convie.

Il nous semble que sur un chiffre annuel d'importation de 600,000,000 de francs, la France devrait compter pour un peu plus de dix millions, chiffre auquel se montent annuellement nos transactions directes, qui conservent une régularité par trop décevante, si l'on considère que pendant les huit dernières années seulement, les importations de tous les pays se sont accrues au Canada de chiffres s'élevant comme suit :

> 13,500,000 frs. pour la Grande-Bretagne.
> 52,500,000 " " les Etats-Unis.
> 7,500,000 " " l'Allemagne.
> 10,000,000 " " les Antilles.
> 7,000,000 " " l'Amérique du Sud.
> 5,000,000 " " la Chine et le Japon.

N'est-il pas navrant de rester stationnaire quand on voit les autres progresser dans de telles proportions ?

Que les libre-échangistes à outrance ne viennent point prétendre que le Canada, comme tous les pays ayant des tarifs de douane élevés n'est pas une contrée où la France peut faire du commerce, que le système prohibitif nous empêche d'y porter nos produits, et que c'est là un obstacle insurmontable au développement de nos relations.

Eh ! que font donc les Américains, les Anglais, les Allemands, les Chinois, etc., au Canada ? Sont-ils plus favorisés que nous ? Point du tout : toutes les nations sont sur le même pied d'égalité. Il n'y a ni traité de commerce, ni tarif priviligié, ni pavillon favorisé ; pas plus pour l'Angleterre que pour les autres nations et cependant avec chacune d'elles les affaires augmentent.

Il ne s'agit pas non plus de dire que les droits protecteurs plus élevés, mis en vigueur par le tarif de 1879 ont entravé les importations au Canada. Les statistiques sont là pour nous prouver que la valeur des effets entrés pour la consommation, tombée cette année là même à \$80,341,608, s'élevait en 1884 à \$108,180,644, c'est-à-dire, en augmentation de plus de 146 millions defrancs !

Est-ce assez concluant ? et ne trouve-t-on pas dans ces chiffres la réfutation des arguments par trop libre-échangistes. Cependant, des manufactures se sont élevées depuis cette époque, grâce peut-être au régime protectionniste, c'est évident ; mais la population croît, elle aussi ; ses besoins grandissent, et avant qu'un pays vaste comme l'Europe, dont la masse des habitants s'adonne aux travaux de la terre, ait vu s'élever assez d'usines et de manufactures pour se suffire à lui-même, il se fera encore des centaines et des centaines de millions d'affaires, que dis-je ? des milliards auxquels la France ne participerait pas, si s'appuyant sur des idées que nous croyons combattre victorieusement, elle se repliait encore davantage sur elle-même, momifiant son commerce, ruinant ses industries, qui demandent à cor et à cri des débouchés pour une production qui les étouffe.

Ne perdons pas de vue que les droits de douane constituent au Canada le revenu public, qu'aucun impôt direct n'est prélevé par le gouvernement, et que ces droits protecteurs ne pèsent pas sur le commerce, mais sur le consommateur qui les subit, au lieu et place de ces impôts divers qui nous écrasent ; et, avouons-le, à voir la profusion avec laquelle on vit dans la Confédération canadienne (et je ne parle ici ni des réceptions ni des galas officiels, mais de la si mple vie de famille que nous avons été à même de juger) on ne dirait certes pas que le produit étranger franchit difficilement les barrières.

Si le mot *opportunisme* a été appliqué à la politique, j'estime que c'est par erreur, on s'est trompé d'adresse. C'est à l'économie politique qu'il était destiné, et je crois que l'école opportuniste serait la plus sérieuse à former dans l'espèce, afin de permettre à chacun d'ouvrir les yeux, sans parti pris, sur des questions qui, débattues ou plutôt combattues à outrance sans être assez approfondies, pourraient être mal interprétées par les intéressés, et devenir la cause indirecte de l'amoindrissement d'un peuple.

Nous le répétons : le tarif canadien n'est pas un tarif de protection ; nous en donnerons comme preuve des produits tels que les soies dont la fabrication est considérée comme impossible au Canada ; c'est un tarif de revenu, et en tout cas il ne peut être apprécié dans ses item les plus extrêmes, que comme une mesure prise contre l'envahissement des produits des Etats-Unis, de même que chez nous, la concurrence des produits européens est presque uniquement visée dans nos tarifs.

Tout ce que nous pourrions demander et ce qui nous touche directement, c'est l'abaissement des droits excessifs qui frappent les vins. Cet abaissement nous est dû, car, en 1878, il avait été consenti, si de notre côté nous réduisions les droits d'entrée sur les bâtiments canadiens, de 40 francs par tonneau, tarif général, à 10 francs, tarif conventionnel. La France a réduit ces droits bien au-dessus de la demande faite, par son tarif de 1881, tandis que le Canada a plus que doublé les droits sur les vins. Cependant il serait dérisoire de prétendre que cette surélévation de tarif était inspirée par une idée de protection de la production vinicole des quelques arpents plantés de vignes dans le comté d'Essex. Une augmentation de revenu était le seul objectif.

De même nous ne soutiendrons pas que les produits français consommés au Canada ne s'élèvent annuellement qu'aux 10 millions de francs cités plus haut. Il est incontestable qu'une certaine quantité de marchandises françaises figurent parmi celles comprises dans le total des importations d'Angleterre ; et c'est sur ce point que nous appelons l'attention soutenue de nos négociants et de nos industriels.

Non seulement les produits français, faute de relations directes, arrivent au Canada dans les magasins du négociant canadien, surchargés des frais et du bénéfice : 1o de l'importateur, 2o de la maison anglaise qui les expédie, 3o de la commission du commissionnaire qui a commencé par les faire parvenir en Angleterre ; mais cette marchandise subit encore le tarif canadien sur la valeur cotée à Londres et non sur la valeur réelle au point d'origine, c'est-à-dire qu'une maison française établie en Angleterre, ne peut même pas facturer ses produits aux prix de France, mais bien au taux d'évaluation de ces produits français sur les places anglaises, au-dessus de leur valeur.

Nos marchandises arrivent donc au Canada dans des conditions d'infériorité notoire, que seules des relations directes nous permettront de combattre, et nous répèterons ici ce que nous disions à propos des questions agricoles : nous avons le plus grand intérêt, en présence du développement prodigieux du Canada, à prendre de nouveau racine dans notre ancienne colonie, dont l'avenir promet de sérieux avantages à ceux qui ne les auront pas négligés.

Le produit français est très apprécié au Canada. Les Canadiens-français en font naturellement grand cas ; leurs compatriotes d'origine anglaise sont loin de le dédaigner, et l'on peut aisément se convaincre que notre réputation industrielle n'a pas diminué dans la Confédération. Nous serions vraiment coupables, si nous ne prenions des mesures propres à entretenir et à développer ce sentiment. Loin de déserter un marché dans lequel nous pourrions faire excellente figure, nous devons au contraire concentrer nos efforts pour nous y implanter solidement.

Les conditions favorables ne nous y font point défaut. Le moment est opportun ; à nous de ne pas le laisser échapper.

Il y a entre la France et le Canada des éléments suffisants pour l'établissement d'une ligne régulière mensuelle, car outre nos importations et nos exportations directes avec ce pays, quantité de marchandises transitent par l'Angleterre en passant par l'intermédiaire de maisons anglaises, au grand détriment de l'extension de nos rapports et de notre commerce avec la Confédération. Puis, tous les Canadiens qui viennent en France, et ils sont nombreux, passent actuellement par les lignes anglaises, faute d'une compagnie sérieuse faisant un service régulier, plutôt que d'aller s'embarquer à New-York sur les paquebots de la Compagnie Transatlantique.

La moyenne du commerce d'exportation du Canada, atteint 500 millions de francs, chiffre dans lequel la France n'entre directement que pour 3 millions au plus !

La moyenne du commerce d'importation se monte à 600 millions de francs, nous y figurons pour 10 millions, chiffre d'affaires traitées aussi directement.

Le frêt d'aller se composant de marchandises manufacturées, n'offre pas à valeur égale la quantité en volume et en poids que peut présenter le frêt de retour composé presque uniquement de produits agricoles, blé, bétail, etc., produits des forêts et des pêcheries, mais il est susceptible d'alimenter largement 12 chargements par an. Enfin, il convient d'ajouter que le voyage collectif de l'année dernière, des cinquante français, négociants, industriels, ingénieurs, publicistes, etc., au Canada, où plusieurs d'entre eux ont pendant leur court séjour noué des relations d'affaires va peut-être donner, tout porte à le croire, une certaine impulsion de France vers ce pays.

Il serait donc de la plus grande utilité que cette base nécessaire à toutes relations suivies, la création d'une ligne régulière de paquebots, fut prise en sérieuse considération par notre gouvernement.

Nous prendrons donc la liberté de soumettre à Monsieur le Ministre du Commerce l'ensemble de nos informations pendant notre récent séjour au Canada, sur des questions qui doivent l'intéresser, nous permettant d'appeler son attention sur ce pays et sur les espérances légitimes que la France peut y entretenir.

CONSIDÉRATIONS GÉNÉRALES

Nous applaudissons à l'ardeur des explorateurs contemporains et nous nous réjouissons de leurs succès ; mais est-ce là le secours immédiat que demandent notre industrie et notre commerce ? Ne devons nous pas également encourager et soutenir ceux d'entre nous, malheureusement trop rares, qui s'expatrient, conduits, il est vrai, par un intérêt personnel, mais dont le but est utile aussi au bien de tous.

Des associations se sont fondées pour favoriser le déplacement de quelques-uns de nos jeunes compatriotes, mais les ressources dont elles disposent sont trop restreintes pour suffire à entretenir un pareil mouvement, et presque toujours ceux qui s'en vont ainsi sous ces auspices, succombent bientôt, après quelques semaines ou quelques mois de lutte. Il faut les rencontrer dans ces pays étrangers, en quête des plus modestes emplois, incapables, faute d'éléments suffisants, de remplir le rôle que l'on espérait leur voir jouer, réduits à de vulgaires sollicitations, pour se convaincre sans peine que ce ne sont point là les précurseurs d'un véritable mouvement. Le découragement seul attend ceux qui ne réussissent pas, et se reflète sur les relations qu'ils entretiennent avec la métropole.

Nous aurions au contraire la plus grande confiance dans la création d'établissements français à l'étranger.

Ne cherchons pas des moyens fantaisistes qui ne pourraient donner que des résultats contraires à ceux que l'on attend. Sous prétexte de désintéressement, des personnes qui seraient à même d'employer bien plus pratiquement leur influence et leurs relations, s'obstinent à poursuivre des mesures inefficaces, que provoque seul un orgueil personnel, et qui, flattant la vanité des uns, n'apportent aucun bienfait aux autres.

Nous comprenons parfaitement que les désastres financiers ou autres dans lesquels se sont laissé compromettre les noms les plus honorables, rendent très prudents ceux qui, ayant acquis la notoriété, hésitent à se mêler de la formation de sociétés ayant des visées de gain matériel. Loin de décrier une prudence dont on n'aurait jamais dû se départir, nous condamnons cependant cette pruderie, cette réserve exagérée. Elle ne fait pas plus d'honneur aux pusillanimes notabilités qui devraient payer de leur personne, qu'aux capitaux méfiants qui s'amoncellent improductifs dans les caisses publiques sans profit pour leurs détenteurs ni pour le pays.

Dans cet esprit, la presse peut jouer un rôle éminemment patriotique en ne marchandant pas son concours à la diffusion des idées.

qui doivent encourager les masses à porter leurs regards hors de nos limites. Déjà l'élan est donné. La plupart de nos journaux comprennent que dans ces questions l'intérêt général n'est qu'un composé d'intérêts privés, et que, pour profiter de la prospérité des affaires, ils doivent aider à leur développement. En battant le rappel dans nos rangs pour stimuler ceux qui sont susceptibles de se porter en avant, la presse provoque le concours de ceux qui, désireux de se grouper pour des efforts communs, n'ont que le malheur de ne point se connaître tous. En ouvrant généreusement ses colonnes à tout ce qui lui paraît de nature à donner une impulsion efficace, elle contribue à rapprocher le moment de détente où tous aspirent et dont elle peut être le premier instrument.

D'ailleurs, en travaillant pour le bien commun elle travaille pour elle-même, puisqu'elle tend à faire revenir ces époques de prospérité pendant lesquelles la moisson est abondante pour tout le monde, et hors desquelles elle aussi vit plus difficilement. En entretenant ses lecteurs des crises que nous traversons, en recherchant leurs causes, elle peut essayer d'en combattre les effets et signaler les moyens qui lui paraissent les plus efficaces ; car il y en a, nous en sommes convaincus, et il ne suffit pas d'avancer que nos voisins souffrent comme nous, que tous les pays sont atteints, pour croire que tout est dit. Il est évident qu'un malaise général se fait sentir ; mais croit-on que tous les pays en souffrent également ? Loin de là ; et ceux qui le prétendent ne cherchent qu'un apaisement moral, qu'ils se donnent gratuitement.

En admettant même que le mal soit partout égal, nos concurrents travaillent à l'enrayer pour eux, par tous les moyens en leur pouvoir. Au lieu de s'abîmer dans de stériles théories, ils vont droit au but. Ils ne tergiversent pas, ils se groupent, s'entendent, s'unissent et marchent en avant. Ils ne redoutent pas de faire les sacrifices nécessaires, de créer des lignes de paquebots, d'abaisser les tarifs de transports, de faciliter l'établissement de leurs nationaux à l'étranger.

La presse, elle aussi, ne se fait pas prier pour exciter l'ardeur de tous ; les plus hautes personnalités se mettent à la tête des sociétés d'exportation, encourageant le mouvement, donnant l'exemple, et les premiers hommes d'Etat étrangers ne dédaignent pas de se mêler d'agriculture, d'industrie, de commerce, favorisant eux-mêmes les efforts de l'initiative privée, allant jusqu'à s'entremettre pour aider à telle entreprise qu'ils jugent utile et susceptible de porter des fruits pour leurs nationaux.

Du reste, ce n'est pas en nous éternisant dans la recherche des causes et des effets d'une crise que nous parviendrons à la vaincre. Tout au plus apprendrons-nous par là à en éviter d'autres. Ce n'est point uniquement en multipliant les enquêtes officielles et officieuses que nous réagirons. Si nous y puisons d'utiles enseignements, nous procurant des conditions de lutte plus avantageuses, tant mieux. Mais ne perdons pas de vue que c'est par des actes et par des actes prompts, basés sur des moyens pratiques, que nous surmonterons les difficultés. Le but ne pourra être atteint que le jour où nous serons organisés pour lutter nous-mêmes sur le territoire étranger.

Cela est si vrai, que pour le Canada seulement qui nous occupe en ce moment, malgré la crise soi-disant générale, le commerce d'importation croît chaque année davantage. Les Etats-Unis, l'Angleterre, l'Allemagne, tous les autres pays y augmentent progressivement le chiffre de leurs affaires, tandis que le nôtre diminue ! Nos concurrents n'ont-ils pas de palliatif à la crise, quand ils trouvent un débouché s'accroissant de 146,000,000 de frs. en cinq années ; dans un pays qui ne compte encore que 4,500,000 habitants, tandis que nous le laissons se fermer petit à petit pour nous ; et cela par notre seule apathie !

Est-il téméraire d'avancer qu'à côté de l'étude des remèdes à apporter à la situation industrielle le premier pas à faire doit avoir pour but d'assurer les débouchés d'une production qui nous encombre et peut devenir périlleuse.

ENQUÊTE

Pendant mon séjour au Canada, j'eus l'occasion d'assister à plusieurs réunions que quelques-uns des principaux commerçants de Montréal voulurent bien tenir à l'Hôtel-de-Ville, pour s'entretenir avec moi de la question qui nous préoccupait les uns et les autres : la reprise de relations suivies entre le Canada et la France.

Outre les renseignements que je donne plus loin sur quelques branches de commerce, j'acquis bien vite dans ces réunions la conviction que le manque d'extension de notre commerce d'exportation avec ce pays, tenait à des causes que nous nous reprochons nous-mêmes très-souvent, et surtout à ce que nous ne sortons pas assez de nos frontières, parce qu'on nous a malheureusement trop gâtés en venant toujours traiter les affaires dans nos propres magasins.

Aujourd'hui, les conditions sont changées et, quitte à répéter ce que tout le monde dit, je redirai que la nécessité de sortir de chez nous s'impose ; qu'il nous faut aller jusque dans les pays de consommation enlever des ordres chez le client ; qu'il est indispensable de courir au-devant de la lutte et que rester sous son toit c'est se condamner au dépérissement et à une mort certaine.

Tout le monde fabrique maintenant, je ne dirai pas mieux que nous, mais suffisamment bien pour nous faire concurrence, surtout quand nous nous dérobons. Que l'on nous imite, que l'on pille nos marques, que l'on contrefasse nos produits, ce n'est pas une raison pour déserter la lutte et nous plaindre. Le fait est là, brutal ; il faut agir.

Il était facile de se renseigner au Canada, les éléments d'information ne manquaient pas plus que le bon vouloir de tous. Il fallait seulement pour atteindre un résultat pratique, trouver le moyen de concilier les exigences du commerçant canadien avec celles de nos négociants et de nos industriels. Il était nécessaire de ne pas rompre les usances pratiquées, et de les accorder avec nos coutumes commerciales.

Le rêve caressé par la généralité des Canadiens-français est de voir bientôt un comptoir fançais se créer au Canada, mais il fallait trouver le *modus vivendi*. C'est alors qu'avec un groupe de banquiers nous nous sommes mis d'accord sur les bases d'une organisation répondant aux exigences mutuelles.

Si nos fabricants et nos négociants veulent établir des relations directes avec le Canada, un syndicat de maisons de banque est prêt à y faire le *Ducroire* de leurs clients pour les opérations que ces derniers feront avec le comptoir. C'est-à-dire, qu'au lieu de passer comme actuellement, par deux, et la plupart du temps, par trois intermédiaires, et d'être grevées d'un droit de douane supplémentaire, par le fait de leur simple passage en Angleterre, nos marchandises se présenteraient directement sur le marché canadien, et les paiements des ventes réalisées, se trouveraient garantis par le syndicat formé, la commission de *Ducroire* restant à débattre entre le client canadien et son propre banquier.

On voit clairement les différents buts atteints par cette organisation.

La sécurité dans les opérations et une clientèle *assurée*, choisie et fournie par les banquiers eux-mêmes qui ont tout intérêt à l'amener au comptoir ; car ils ne bénéficient actuellement d'aucune des commissions qui toutes profitent à l'étranger, et enfin comme résultat l'accroissement de notre commerce avec le Canada.

Tel est l'élément de vitalité pour nos relations commerciales que nous rapportons du Canada et qui est mis à la disposition de nos compatriotes que cette question peut intéresser.

Maintenant passons à quelques détails sur le commerce du Canada.

COMMERCE GÉNÉRAL INTERNATIONAL

Le commerce d'exportation du Canada se monte à 500,000,000 de fr. environ, se répartissant en produits agricoles, bétail, produits des forêts, pêcheries, manufactures, mines et divers.

Dans ce chiffre presque exclusivement composé, comme on le voit, de produits agricoles et matières premières, nous ne figurons pas pour 5,000,000 de fr., tandis que l'Angleterre y entre pour 230,000,000 de fr., et les Etats-Unis pour 220,000,000 de fr.

Il est cependant évident que nous consommons en les recevant par l'entremise de ces deux pays, des produits du Canada qui reviennent à notre industrie et à nos consommateurs à des prix grevés par ces intermédiaires d'un bénéfice dont nous profiterions, si nous avions avec le Canada des relations directes.

COMMERCE D'IMPORTATION DE LA CONFÉDÉRATION

Ici, nous tenons à entrer dans quelques détails de chiffres, afin de faire saisir, d'une manière plus frappante, ce que bien des pages ne prouveraient pas aussi clairement.

Les chiffres que nous donnons ci-dessous sont des plus édifiants. Ils démontrent notre situation commerciale au Canada. Ils sont puisés dans la statistique officielle du commerce et de la navigation de la Confédération, pour l'année fiscale 1883-1884 (l'année fiscale commence au Canada le 1er juillet et finit le 30 juin de l'année suivante.) Cette statistique est dressée chaque année par le *Ministère des Douanes*. Les montants sont indiqués en piastres. Ceux ci-dessous mentionnés donnent la valeur des effets entrés pour la consommation pour quelques-uns des articles qui nous intéressent le plus :

Dénomination des Articles	Grande-Bretagne	Etats-Unis	France	Alle-magne	Autres Pays	Totaux
LAINES ET LAINAGES :—	$	$	$	$	$	$
Couvertures	119,926	2,223	20	9	....	112,178
Draps	3.192,121	12,388	4,194	27,455	3,239	3,239,397
Tiretaines	8,221	....	....	....	....	8,221
Flanelles	231,180	5,887	184	2,481	1	239,733
Bonneterie, chemises et caleçons	445,927	6,965	11,241	55,796	21	519,950
Châles	223,374	1,478	324	12,907	170	238,253
Laine filée à tricoter	186,575	2,717	100	5,935	....	195,327
Articles divers	2.001,267	46,672	35,859	37,232	1,300	2,122,390
Confections	470,208	22,396	407	9,437	403	502,851
Tapis façon Bruxelles	739,066	6,080	....	121	30	745,297
" " Ecosse	59,064	648	....	....	....	59,712
Tapis laine et coton	29,316	968	....	....	....	30,824
Etoffe serge, etc	292,917	2,746	2,987	824	....	299,474
Feutre pour chaussures et jupons	35,691	1,904	....	579	....	38,174

Dénomination des Articles	Grande-Bretagne	États-Unis	France	Allemagne	Autres Pays	Totaux
LAINES ET LAINAGES :—*Continué*						
Feutre pour doublures de gants	20,662	8,566	34	26		29,288
Tricot pour chaussures et gants	10,820	6,515				17,335
Laine lustrée et autres	3,619	9				3,628
SOIES :—						
Cordes et glands	5,038	4,917	28	693		10,676
Etoffes à robes en pièces	743,392	2,972	27,130	9,334	2,913	785.741
Ombrelles et parapluies	120,865	959	49			121.873
Bonneterie	15,443	123	126	349		16.041
Confections	52,587	7,324	1,480	1,167	1,400	63.958
Rubans	331,199	3,943	23,486	2,703	1,270	362.601
Soie grège ou filée	3,287	1,560				4.847
" teinte		559				559
" à coudre et torse	51,825	23,552	193	75	42	75.687
Châles	2,020	51				2.071
Tricot ou peluche	177					177
Articles soie	632,561	46,461	7,865	7,560	1,828	696.275
Velours soie	68,062	257	182	1,266	311	70.078
RUBANS divers	9,870	3,114	137	239		13.360
CRÊPES de toutes sortes	139,820	1,146	202			141.168
BRODERIES :—						
Diverses	63,435	1,527	4,362	7,072	31,478	107.874
" or et argent	535	916	1,627	524		3.602

DENTELLES, FRANGES et autres garnitures.....	827,839	72,644	30,237	51,232	10,667	992.629

COTONS :—

Blanchis ou non—Draps de lits—Toile coton...	179,317	356,491	262	55		536,125
Guingamps et Plaids, teints ou colorés	29,034	14,215				43,249
Teints ou colorés—cotons à chemises et pantalons	157,959	159,255	14	135	22	317,385
Imprimés ou teints, jusqu'au 1er janvier 1884...	1,098,389	70,055	1,462	202		1,170,108
" " depuis le 1er janvier 1884...	279,661	83,213	1,207	102		364,183
Jeannettes de coton blanchies et coutils	244,057	149,951	123	1,731		395,862
Coton pour stores		7,892				7,892
Ouates en feuilles et chaîne coton	11,301	55,889				67,190
Fils à tricoter et broder	16,756	13,155				29,911
Chaîne coton sur ensouples		1,732				1.732
Sacs sans coutures	2,650	13,549				16.199
Chemises, caleçons et bonneterie	214,373	26,571	3,575	26,012	82	270.613
Fil à coudre sur bobines	351,426	10,297	4			361.727
" " en écheveaux	127,143	105				127.248
Courtes-pointes et couvre-pieds	7,030	9,707		314	395	17.446
Vêtements	223,166	171,877	1,470	4,640	2,083	403.236
Sacs de coton cousus	900	6,348	6			7.254
Tricot pour chaussures et gants	23,225	3,570				26.795
Mèches de lampes	594	6,145	6		35	6,780
Prunelle pour chaussures	15,412					15.412
Parapluies et ombrelles	133,816	2,399		72		136.287
Châles	5,650	878	70	32		6.630
Velours de coton	395,830	1,081	205	1.492		398.608
Tiretaines unies	229,029	728				229.757
" fantaisie, au-dessous de 25 pouces..	12,574					12.574
" de 25 à 30 pouces et moins de ¼ laine.	11,700					11.700
Tous autres articles en coton	2,188,811	329,014	20.036	14.496	4.869	2.557.226

LIN :—

Toile à voile	27,084	146	1.486			28.716
Ficelle à voile	1,761	3,636				5.397
Fibre brayée		173				173
Etoupe	53	979				1.032

COMMERCE D'IMPORTATION DE LA CONFÉDÉRATION—*Continué.*

Dénomination des Articles	Grande. Bretagne	Etats-Unis	France	Alle-magne	Autres Pays	Totaux
LIN :—*Continué*						
Toile écrue ou blanchie	178,526	4,675	....	190	....	183.391
Toile ouvrée et canevas	716,200	18,088	57	6.281	1.697	742.323
Vêtements de toile	3,092	1,246	....	....	....	4.338
Fil de lin	123,233	....	....	....	....	123.233
JUTE :—						
Tapis et nattes	118,360	2,577	....	....	10	120.947
Jute ouvrée	77,345	18,596	320	2.642	1.075	99.978
TAPIS	67,853	4,076	602	173	....	72.704
DIVERS :—						
Ficelles de toutes sortes......z	27,171	63,619	599	845	554	92.788
Cordages de toutes sortes	36,848	93,194	....	....	....	130.042
Lacets de chaussures et de corsets de toutes manières	21,335	14,297	63	256	....	35.951
Bretelles de toutes sortes	67,487	31,468	2.707	612	....	102.274
Tissus en crin pour meubles	8,710	369	2.756	7.978	....	19.813
Articles divers en crin	8,874	14,401	292	230	....	23.797
FLEURS ET PLUMES :—						
Fleurs artificielles et plumes	189,727	11,673	18.891	1.087	192	221.570
Plumes d'autruche et de vautour non préparees	1,649	3,085	....	12	2.141	6.887
" " préparées	183,906	5,652	26.988	41	....	216.587

CHAPELLERIE :—						
Chapeaux d'hommes et de femmes—castor, soie, feutre	261,230	348,945	9.446		680	620.301
Chapeaux de paille	142,027	170,720	4.335	438	2.089	319.629
Tous autres chapeaux	106,772	50,448	508	44	50	157.822
Articles de fantaisie	3,527	7,446	1.510			12.483
FOURRURES OUVRÉES :—						
Pelleteries préparées ou en partie préparées	185,541	178,007	5.796	97.459	12.065	478.868
Bonnets, chapeaux, et autres articles en fourrures	144,952	24,905	392	8.279	132	178.660
GANTERIE :—						
Gants et mitaines en soie, coton et laine	240,106	10,751	931	40.735	631	293.154
Gants en peau	232,678	30,259	35.778	45.430	20	344.165
CHAUSSURES en cuir	18,675	159,723	5.790	9.406	4.100	197.694
CUIRS :—						
Cuir à semelle tanné et non préparé	30,375	8,277			1.191	39.843
" " et préparé, non ciré ou verni	64,324	26,642	1.752			92.718
Cuir à empeigne non ciré ou verni	1,409	2,653	3.073	234		7.969
Peaux tannées ou préparées, non cirées ou vernies	13,585	18,395	9.903	1.254	1.881	45.018
" " cirées et vernies	18,871	64,419	80.995	1.040	101	165.426
Articles cuir Cordoue faits en peau de cheval tannée	476	317				798
Cuir à gants	1,739	23,277	401	639	240	26.296
Cuir à empeigne ciré ou verni	3,444	8,598	12.483			24.525
Cuir verni ou émaillé	535	16,802	354			17.691
Peau maroquin tannée mais en croûte	11,675	6,386	1.240			19.301
Tous autres cuirs en peaux tannées	58,202	98,044	51.917	8.820	149	217.132
Harnais	5,545	44,986	164			50.695
Courroies	276	36,532				36.808
Tous autres cuirs ouvrés	75,201	71,554	1.975		4,500	163.643

Dénomination des Articles	Grande-Bretagne	Etats-Unis	France	Allemagne	Autres Pays	Totaux
MAROQUINERIE :—						
Valises, sacs de cuir, bourses et portefeuilles...	31,573	61,066	5.340	6.736	2.588	107.303
BOUTONS de toutes sortes.........	161,128	118,164	12.799	50.697	33.820	376.618
FAUX COLS, POIGNETS et devants de chemises en papier, fil ou coton.........	29,805	49,923	456	541	....	80.725
BROSSES de toutes sortes	30,736	34,957	18.654	2.562	299	87.208
PEIGNES de toilette et de toutes sortes.........	41,152	19,091	1.877	4.432	146	66.698
BIJOUTERIE, HORLOGERIE, ORFÈVRERIE, OR ET ARGENT :—						
Bijouterie or ou argent ou imitation.........	229,294	309,629	6.477	2.664	6.347	554.611
Jais ouvrés.........	7,966	2,190	1.683	36	306	12.181
Montres et boitiers de montres	23,032	208,060	8.147	1.120	125.693	366.052
Mouvements de montres.........	1,190	167,320	8.879	2.604	38.583	218.576
Horloges, pendules et pièces, sauf ressorts......	5,149	89,868	5.487	375	970	101.849
Ressorts.........	10	1,642	4	....	12	1.668
Calices et vases sacrés et articles en plaqué pour usage des églises.........	951	2,134	11.522	347	40	14.994
Articles divers en or et argent.........	4,052	15,582	242	290	....	20.166
Electro-plaqué et dorures de toutes sortes......	51,075	120,780	1.274	273	370	173.772
Argent laminé.........	2	358	....	....	....	360
Or et argent en feuilles.........	4,653	1,474	900	18.066	7.621	32.714
ECRINS à bijoux, à montres, etc.........	7,018	10,973	1.925	1.786	928	22.630

INSTRUMENTS D'OPTIQUE, y compris les microscopes	23,023	29,289	10.631	1.988	379	65.310
FANTAISIE :—						
Ornements divers, bronze, terre cuite et imitation	10,155	7,493	4.079	14.499	1.789	38.015
Rassades et ornements	19,043	3,223	10.702	6.508	2.476	41.952
Boîtes et coffrets	4,179	3,525	1.997	2.595	....	12.296
Os, corne, écaille et ivoire	8,017	14,697	2.321	488	216	25.739
Eventails unis	2,421	5,031	1.597	143	142	9.334
Bimbeloterie en bois et autres	14,645	22,300	2.150	17.310	357	56.771
Articles divers de fantaisie	33,029	12,880	6.030	8.099	1.455	61.508
Ivoire ouvré	794	2,245	503	368	9	3.919
Fouets	8,110	37,473	....	104	57	45.744
Cannes à pêche	1,570	1,457	....	....	....	3.027
Pipes à tabac	39,566	14,491	17.941	17.100	14.886	103.984
LIBRAIRIE ET PAPETERIE :—						
Livres imprimés, Publications périodiques, Revues	205,151	387,194	36.583	608	656	630.192
Livres de prières	81,061	70,989	25.960	1.470	2.699	182.179
Livres blancs pour bureau	26,529	40,528	399	254	441	68.151
" " lithographiés, imprimés, en-têtes de comptes	16,566	119,514	1.626	77	291	138.074
Placards, affiches	27	4,296	....	....	....	4.323
Livres d'annonces	422	10,704	101	....	....	11.227
Etiquettes pour boîtes	472	6,119	2	6	48	6.647
Cartes géographiques et cartes marines	11,325	8,120	37	....	....	19.482
Affiches illustrées	2,909	26,523	64	....	2	29.498
Livres et morceaux de musique	3,660	53,679	113	296	709	58.457
Chromos, etc., de fantaisie	60,788	41,498	139	4.080	15	106.520
Livres reliés imprimés depuis plus de sept ans, excepté ouvrages soumis aux droits de propriété littéraire	26,313	9,399	7.084	550	3	43.349
Peintures, dessins, gravures et estampes	9,311	45,473	4.931	1.138	335	61.188
Papeterie (jusqu'au 12 mars)	24,675	23,309	2.907	2.434	129	53.454

COMMERCE D'IMPORTATION DE LA CONFÉDÉRATION—*Continué.*

Dénomination des Articles	Gradne-Bretagne	Etats-Unis	France	Alee-magne	Autres Pays	Totaux
LIBRAIRIE ET PAPETERIE :—*Continué.*						
Sacs en papier imprimés	79	3,138				3.217
Cartes à jouer	2,945	5,813	59	146		8.963
Papier calendré, y compris papier à écrire	161,892	98,091	1.371	11	111	261.476
Papiers peints	76.529	179.504	1.571	4.234	3	261.841
Enveloppes papier mâché et tous autres articles	71.705	163.891	8.785	35.440	3.354	283.175
Papier à imprimer	17.454	15.455				32.909
Papier règlé	9.246	23.261	765	39		33.311
Papier à enveloppes	3.766	8.410			146	12.322
Toutes autres sortes de papier	23.597	46.723	1.112	1.238		75.670
Crayons divers	11.123	35.288	448	4.874	4	51.737
Encre à écrire	15.257	11.087	1.353		35	27.732
Encre à imprimer	3.626	40.123	77	770		44.596
FAIENCES, PORCELAINES ET VERRERIE :—						
Faïence brune et coloriée	20.260	18.540	359	3.215	71	37.445
Faïence décorée	343.819	11.963	175	1.090	62	357.109
Porcelaines	75.894	10.030	18.324		1.760	148.439
Bouteilles et carafes, etc.	84.528	252.385	8.538	24.212	2.793	372.456
Abat-jour, fanaux lampes	10.839	135.632	316	3.478	228	150.493
Verrerie émaillée et décorée	2.086	896			973	3.955
" colorée, émaillée, peinte	7.040	5.028	123		3.363	15.554
Verres à vitres	40.352	17.949	2.484	13.586	188.360	262.731
Verres de couleur	4.427	862		692	1.318	7.299
Glaces étamées	6.865	3.320	625	19.919	3.476	34.205
" non étamées	65.468	1.660	665	20.556	2.982	91.331
Abats-jour imitation porcelaine	554	5.528	207	6.750		13.039
Articles divers	14.876	19.642	2.671	6.343	1.888	45.420

PARFUMERIE, DROGUES ET PRODUITS CHI-
MIQUES :—

Huile à cheveux, poudres, pâtes	6.585	12.088	3.202	1	29	21.905
Pommades ou parfums de fleurs en boîtes de pas moins de dix livres		583	514			1.097
Toutes autres pommades	3	238	229			470
Savon brun et jaune non parfumé	9.054	28.237				37.291
" commun, mou ou liquide	487	4.366	22			4.875
" de Castille et blanc	4.118	3.117	5.801			13.033
". parfumé	13.706	25.069	2.032	173	80	41.031
Poudres saponifères (depuis le 12 mars)	14	9.543				9.557
Alcools avec ingrédients, élixirs, etc	910	7.637	1.003	150		9.700
Eaux de Cologne et alcools parfumés en petits flacons	12.528	6.790	12.636	332		32 286
" " en grands flacons	2.277	3.209	5.826	461		11.809
Acide acétique	4.452	4.140	1.657	7.027	1.026	18.302
Acide sulfurique	105	17.928				18.033
Acides mélangés	2	67.484				67.486
Autres acides	14.145	10.337	6.832	472		31.786
Gélatines et similaires	9.796	2.748		2.221	12	14.777
Colles	12.121	37.199	18.941	5.836		74.097
Glycérine	12.006	58.974	10.700	11.062	3.291	96.033
Extrait de réglisse en pâte	9.460	7.872			74.653	91.935
" " en bâtons	3.834	9.220	245		968	14.267
Aliments lactés et similaires	432	2.300			8.559	11.321
Médicaments liquides brevetés	3.382	33.727	1.761		17	38.887
Autres médicaments brevetés	23.750	74.290	2.705		1.569	102.314
Nitrate de potasse, salpêtre	23.359	390		885	7.626	32.260
Bicarbonate de soude	28.407	1.561				29.968
Drogues diverses	110.721	179.013	4.165	15.520	611	310.030
Cirages et vernis	7.724	26.171	4.844	7		38.746
Peinture broyée, préparée à l'huile ou à tout autre liquide	68.452	71.241	232	81	965	140.971
Blanc et rouge de plomb et minium orange sec	128.413	3.565	2.619	11.780	15.888	162.265
Peintures et couleurs	35.161	42.825	175	4.602	1.205	84.058
Blanc de céruse et blanc d'Espagne	25.972	1.002	2.256			28.230

COMMERCE D'IMPORTATION DE LA CONFÉDÉRATION—*Continué.*

Dénomination des Articles	Grande-Bretagne	États-Unis	France	Alle-magne	Autres Pays	Totaux
FERS ET ACIERS :—						
Instruments aratoires	39.451	163.103		548	93	203.195
Fers à bandage et feuillard	120.214	9.991			518	130.723
Fers en barres laminées ou martelées	991.640	50.307			26.101	1.068.048
Tole à chaudières	186.615	31.771		2.440	277	221.103
Boulons, rondelles et rivets	21.052	30.884		11		51.947
Lits et meubles en fer	9.258	1.970				11.228
Tôle	172.774	2.653				175.427
Roues de wagons	64.790	26.520		20.107		111.417
Fontes et articles de fer forgé	43.910	307.786	396	233	175	352.500
Tuyaux en fonte	130.234	34.257		1.495		165.986
Câbles-chaînes de plus de 9⁄16 pouces	72.029	5.198			208	77.435
Autres câbles, chaînes	58.360	3.403	8	2.172		63.943
Locomotives		414.220				414.220
Pompes à incendie		6.101				6.101
Autres machines et chaudières	16.992	85.961				102.953
Extincteurs chimiques		525				525
Fourchettes en fonte	539					539
Ferronnerie	72.259	426.507	819	3.474	200	503.359
"	16.854	10.764				27.618
Chaudronnerie étamée, vernie ou émaillée	25.448	76.996	21	51	162	102.678
Fers à cheval et clous de fers à cheval	955	5.730				6.685
Fer en barres ou billettes pudlé ou non	259.685	4.360				264.045
Ponts et constructions en fer	101.066	310.057			20.161	431.284
Fers non ailleurs énumérés	1.149	182				1.331
Ferrures de toutes sortes	10.876	70.880	3	14		81.773
Machines diverses	4.380	70.648	36			75.064
Machines à coudre	31.534	194.479	43	176		226.232
Machines composées en tout ou en partie de fer	259.942	1.087.448	725	2.717	1.479	1.352.311
Fontes malléables	635	37.730				38.365

Pièces de fer forgé de plus de 25 livres	7.737	23.041				30.778
Clouterie	49.265	18.094		1.600	2.920	71.889
Ecrous	3.083	5.651				8.734
Ornements en fer		2.851				2.851
Fer en gueuses au charbon de bois		66.602				66.602
Tous autres fers en gueuses	490.551	162.973		184		653.708
Pompes en fer	902	27.226				28.128
Rails pour chemins de fer, tramways	10.056	40.070				50.126
Eclisses, aiguilles, coussinets pour chemins de fer	1.515	439				1.954
Fer à côtes angulaires et à T	97.983	27.357		6.535	14.720	146.645
" en baguettes rondes	10.944	63				11.007
" de sûreté	25	15.708				15.733
Vis à bois	31.082	2.857	763	460		35.162
Balances et romaines	2.392	42.631	279			45.302
Tôle préparée	373.565	24.280		88		397.933
Patins	691	4.704		909		6.304
Poêles	1.036	46.392				47.428
Pointes et petits clous sans tête	1.358	3.343	5	5		4.711
Tubes non filetés ni accouplés de plus de deux pouces de diamètre	37.479	22.578		5.357	152	64.566
Tubes filetés et accouplés de plus de deux pouces de diamètre	4.083	38.139				42.222
Tubes de deux pouces et au-dessous	119.207	45.097		14.546	1.126	179.976
Tuyaux, bouilloirs à joints rabattus, diamètre, 1½ pouce et plus	39.586	18.334		17.514		75.434
Fil de fer au-dessus du numéro 15	201.759	49.150	3	24.698	24.303	299.913
Câbles métalliques en fil de fer	9.398	7.814				17.212
Autres articles en fil de fer	14.174	55.807	319	3.323	10	73.633
Tous autres fers ouvrés	20.855	18.968	101	1.791	51	41.766
Coutellerie acier	30.083	1.255	7	5.283		36.628
Toute autre coutellerie	239.521	52.035	538	14.446	961	307.501
Fer en rouleau et autres, ressorts	318	15.156		10		15.484
Limes et râpes	59.098	31.002	209	260	133	90.702
Bandages de roues de locomotives en acier	21.927	4.492		12.390	781	39.590
Armes à feu	47.366	64.686	1.251	4.520	1.667	125.490
Aiguilles pour machines à coudre	3.724	11.541				15.265
Toutes autres aiguilles	29.303	7.594	170	40		37.107

Dénomination des Articles	Grande-Bretagne	États-Unis	France	Alle-magne	Autres Pays	Totaux
FERS ET ACIERS :—*Continué.*						
Crochets pour machines à tricoter et aiguilles à griffes mobiles	363	721				1.084
Instruments de chirurgie	6.875	5.558	463	424	22	13.342
Acier en lingots et barres	291.355	100.189		2.313		393.857
Acier en feuilles	74.251	8.362				82.613
Baguettes d'acier au-dessus de ½ pouce de diam.	5.803	188				5.991
Haches	231	8.799				9.030
Scies	7.939	62.054	683	65		70.741
Outils divers	54.087	169.726	2.302	4.962	519	231.596
Outils tranchants	1.148	6.426				7.574
Autres articles	34.771	60.174	1.860	35.249	561	132.615
Presses d'imprimerie de toutes sortes	8.980	111.282	4.158	29		124.449
Ferblanterie	32.091	131.580	2.301	10.069	403	176.444
Outils et instruments de relieur	20.205	14.854	530	237		35.816
CUIVRE ROUGE :—						
Barres, boulons, lingots	43.968	27.337				71.305
Vieux, en monceaux et en gueuses	287	919			1.974	3.180
Tuyaux passés à la filière sans soudures	6.501	5.595				12.096
Tissu de cuivre rouge	262	2.084				2.346
Autres articles	8.815	23.438	31	2.224	1.739	36.247
CUIVRE JAUNE :—						
Tuyaux passés à la filière sans soudures	5.791	12.211				18.002
Barres et boulons	284	454				738
Lames pour filets d'imprimerie	336	722				1.058
Tissu de laiton	3.888	10.997				14.885
Articles divers	69.100	206.720	11.000	8.736	1.039	296.595

MÉTAUX DIVERS :—

Métal et métal ouvré	152	4.471				4.623
Métal anglais ouvré non plaqué	8.281	94.733		88		103.102
Bronze ou métal hollandais	210	648	24	586		1.468
Bronze phosphoré	2.561	1.104				3.665
Appareils ou parties d'appareils d'éclairage	2.770	57.624	22	972	386	61.774
Articles en argent d'Allemagne, nickel ou plaqués	26.600	16.556	158	18		43.332
" " en feuilles	10	276				286
Articles vernissés et estampés	4.068	12.990				17.058
Anodes en nickel	695	2.915				3.610
Tringles de tous fils métalliques	3.656	4.240	46	172		8.114
Vis en tous métaux	4.570	10.629	127			15.326
Stéréotypes et électrotypes de livres classiques	1.349	5.703	89		11	7.152
" " pour blancs commerciaux	381	13.309	145			13.835
Caractères d'imprimerie	23.693	33.993	10			57.696
Etain plaqué et composition de métal	20.729	32.588	3.532	1.223	24	58.096
Cloches de toutes sortes, excepté pour églises	891	9.205	288			10.384
Cloches d'églises	10.780	17.093				27.873

DIVERS ARTICLES :—

Vêtements rendus imperméables au moyen de caoutchouc	147.250	119.117	155	12		266.534
Gutta-percha et caoutchouc ouvrés	91.839	143.154	4.066	9.921	199	249.179
Cordes à boyau pour instruments de musique	2.905	1.936	209	3.349	51	8.456
Articles en cire	3.254	14.837	148	7.137	220	25.596
Ciment de Portland et romain	76.195	15.392	6	2.008	9.256	102.857
Bouchons de liège fabriqués	2.565	24.312	630	554	15.923	43.984
Ceintures et bandages	3.464	10.566	592			14.622

PRODUITS ALIMENTAIRES :—

Fruits en boîtes hermétiques	206	42,400	11		16	42,633
FRUITS SECS : pommes	10	164,628				164,638
" raisins de Corinthe	30,781	31,153	2,795		164,644	229,373
" dattes	10,464	9,658			566	20,688
" figues	14,358	3,251			30,864	48,473

COMMERCE D'IMPORTATION DE LA CONFÉDÉRATION—*Continué.*

Dénomination des Articles	Grande-Bretagne	Etats-Unis	France	Allemagne	Autres Pays	Totaux
" prunes et pruneaux	9,805	10,826	47,043	838	89,303	20,791
" raisins secs ..	70,444	113,968			498,440	314,028
" autres fruits secs	919	14,684			17,975	2,372
" amandes écalées	703	2,717	2,370		7,690	1,900
" amandes non écalées	5,152	7,853	14,611		43,963	16,347
" avelines et noix	7,689	13,230	24,801		46,704	984
" toutes autres noix	8,110	66,693	654		77,189	1,732
Fruits verts : pommes		79,054			79,054	
" groseilles, fraises, framboises		28,487			28,487	
" cerises et gadelles		2,411			2,411	
" prunes et coings		25,192			25,192	
" raisins	34,129	29,627	556		65,007	695
" pêches		78,633			78,633	
" oranges et citrons	157,381	171,345	4,883		363,468	29,859
" autres fruits verts	212	88,178	50		89,426	986
Gelées et confitures	18,424	6,116			25,084	544
Moutardes françaises	48,029	8,585	58	14	56,686	
Huile d'olive ou de table	14,843	24,110	9,371		55,325	7,001
Marinades, sauces, câpres	131,082	34,700	177	167	168,317	2,191
Pâte de cacao et chocolat	35,956	13,688	345		49.989	
Macaroni et vermicelle	4,182	4,227	1,424		10,902	1,069
Conserves dans l'huile	69,725	20,648	4,274	161	98,894	4,086
Légumes conservés	3,792	34,653	6,400		50,916	6,061
Eaux minérales naturelles	1,018	4,411	40	3,437	8,906	
Eaux minérales gazeuses	6,811	2,012	12	10,138	18,973	
Vinaigres	6,643	5,071	711	4,183	16,828	220
Epices	82,260	43,939	6	326	141,678	15,247

COMMERCE D'IMPORTATION DE LA CONFÉDÉRATION—*Continué.*

DÉNOMINATION DES ARTICLES	GDE-BRE-TAGNE	ETATS-UNIS	FRANCE	ALLE-MAGNE	ESPAGNE	PORTU-GAL	AUTRES PAYS	TOTAUX
VINS ET SPIRITUEUX :—	$	$	$	$	$	$	$	$
Absinthe	101		237					338
Eaux-de-vie	80,824	1,296	406,451		15	30	987	489,603
Genièvre, Old Tom	33,385	503	21	46			155,420	189,375
Whiskey	164,018	12,254	9				206	176,487
Spiritueux non sucrés ou mélangés	133	57	24	105			1	320
" sucrés ou mélangés	2,541	3,519	3,965	1,081			1,222	12,328
Spiritueux ou alcools	100	551	15				10	676
Vins, sauf mousseux jusque 26 p.c. de spiritueux	25,262	8,154	72,309	2,650	18,890	331	21,101	148,697
" de 26 à 27 "	634	597	1,221	58	15,713		10,791	29,014
" de 27 à 28 "	13,665	2,295	815	981	16,881	262	14,926	49,825
" de 28 à 29 "	1,222	112	1,115	686	14,598		648	18,381
" de 29 à 30 "	3,796	609	637	2,749	11,796	993	761	21,341
" de 30 à 31 "	3,063	502	991	319	13,776	577	71	19,299
" de 31 à 32 "	5,167	462	1,372		14,639	1,501	513	23,654
" de 32 à 33 "	4,315	39	249		18,352	4,654	127	27,736
" de 33 à 34 "	5,261	515	515		11,468	19,055	241	31,055
" de 34 à 35 "	7,359	288	359		4,635	10,966	780	24,387
" de 35 à 36 "	4,925		58		5,959	4,570	788	16,300
" de 36 à 37 "	2,035	182	252		3,235	985	288	6,977
" de 37 à 38 "	289	11	162		1,413	993	3	2,671
" de 38 à 39 "	55		34		300	1		390
" de 39 à 40 "	185	20	29					234
Champagne et vins mousseux	16,161	16,645	93,812	5,510	404		1,411	133,943
Rhums	18,402	383	168				32,920	51,873

COMMERCE D'IMPORTATION DE LA CONFÉDÉRATION—*Continué.*

Dénomination des Articles	Gde-Bretagne	Etats-Unis	France	Allemagne	Antilles Anglaises	Antilles Espagnoles	Antilles Françaises	Autres Pays	Totaux
	$	$	$	$	$	$	$	$	$
SUCRES, SIROPS ET MELASSES.									
Sucres importés directement sans transbordement, au-dessus du No. 14..........					112	5,274	9	11,319	16,711
Sucres importés directement sans transbordement, au-dessus du No. 9 et non au-dessus du No. 14..........					40,679	144,553		8,975	194,207
Sucres importés directement sans transbordement, au-dessous du No. 9..........		6		190,276	55,354	156,682		566,009	968,321
Importés directement sans transbordement, au-dessous du No. 14..........	146,752	29,480			723	31,577		22,165	230,697
Importés directement sans transbordement, au-dessus du No. 9 et non au-dessus du No. 14....	158,497	30,197		667	392,388	309,452	8	88,545	979,754
Importés directement sans transbordement, au-dessous du No. 9..........	63,401	113,465		282,565	620,012	514,673	527	1,184,281	2,798,924
Mélado et mélado concentré.....	14	54,324				98,577		115,126	267,941
Sirop ou melasse de sucrerie	91	52,549	91		138				52,869
Mélasse importée directement et sans transbordement.....		4,131			680,519	128,598		92,383	905,631
" non importée directement	149	92,717			267				93,133
Sucre candi et confiserie........	26,460	56,608	707	29		45		13,775	97,624
Glucose ou sucre de raisin		192							192
Sirop de glucose............		26,491							26,491

Voici maintenant un état général comparatif, par pays pour les années 1876-1884 :

CANADA, Importations, valeur des effets déclarés pour la consommation par pays. Etat comparatif 1876-1884

Années.	Grande-Bretagne.	Etats-Unis.	France.	Allemagne.	Espagne.	Portugal.	Italie.	Hollande.	
	$	$	$	$	$	$	$	$	
1876.	40,734,260	46,070,033	1,840,877	482,587	436,034	71,655	40,412	267,079	
1884.	43,418,015	56,492,826	1,769,849	1,975,771	504,477	67,983	75,348	318,477	
En 1884. Diminution....			71,028			3,672			
Augmentation	2,683.755	10,422,793		1,493,184	68,443		35,936	51,477	

CANADA, Importations, valeur des effets déclarés pour la consommation par pays. Etat comparatif 1876-1884.

Années.	Belgique.	Terreneuve.	Antilles.	Amérique du Sud.	Chine et Japon.	Suisse.	Autres pays.	Totaux.
	$	$	$	$	$	$	$	
1876.	361,055	774,586	1,616,113	287,553	948,239	56,168	746,567	94,733,218
1884.	459,150	780,670	3,606,917	1,478,988	1,909,562	242,380	1,080,231	108,180,644
En 1884. Diminution...								
Augmentation	98,195	6,084	1,990,804	1,191,435	961,323	186,212	333,664	13,447,426

Avec le concours de M. Larcher, un de nos compatriotes établi au Canada, qui avait été nommé secrétaire du comité formé par quelques Canadiens notables pour me faciliter une enquête approfondie, j'ai été assez heureux pour réunir à l'intention de nos industriels et négociants, des renseignements qui me paraissent d'un grand intérêt.

Des questionnaires avaient été adressés aux principales maisons qui se sont empressées d'y répondre unanimement. Quelques démarches personnelles nous ont mis à même de toucher à peu près à tous les articles de notre fabrication. Nous allons les passer en revue :

Tissus.—Le négociant canadien tire ces marchandises d'Angleterre, d'Allemagne, des Etats-Unis et de France (*en classant ces pays par ordre d'importance d'affaires*).

Il recherche de préférence celles de prix moyen, et de bas prix ; cependant la belle et bonne marchandise se vend bien au Canada, et se demande à l'Angleterre, sauf pour quelques très rares maisons qui font directement avec nous un petit nombre d'articles.

Les articles que nous pouvons exporter avec succès au Canada, sont :

Les Mérinos noirs et de couleur, Mérinos doubles pour ecclésiastiques, Paramatas, Says, Draps pour soutanes, Crêpe noir pour deuil, Crêpes fantaisie, Tissus nouveautés pour robes, Robes mi-confectionnées, Dentelles genre St-Pierre-les-Calais.

Les draps de Sedan et d'Elbœuf en simple largeur, vêtements confectionnés pour hommes.

La lingerie pour femmes, Belle lingerie et trousseaux, Châles, dentelles.

Les soieries, fantaisies.

Les manteaux de dames confectionnés,—de préférence les étoffes à manteaux en laine, laine et soie, imitation de fourrure.—Belles fantaisies brochées laine et soie.

Il faudrait faire des conditions très avantageuses pour les indiennes, les toiles, les chemises d'homme, les cotonnades, les châles de laine, les soieries noires, la bonneterie, les velours et rubans.

Ganterie.—La ganterie pourrait lutter si cet article se présentait sur un marché qu'il ne connaît pour ainsi dire pas. Le gant de

Milan, le gant de Suède, le gant de Turin, et le gant mousquetaire, s'y vendent beaucoup et bien, ainsi que l'article en soie et les mitaines et gants en fil.

Le gant d'hiver serait plus difficile, se fabriquant, du moins pour une spécialité, dans le pays.

Passementerie.—La passementerie pourrait se vendre; mais seulement dans les articles à très bon marché.

Le corset s'y fabrique moins cher qu'en France.

Fourrures.—Les fourrures bon marché et imitation sont de placement relativement facile. Les belles qualités n'y seraient praticables qu'en se conformant aux modes du pays.

Chapellerie.—Il y a beaucoup à faire dans les chapeaux pour dames et pour hommes, dont nos concurrents sur le marché canadien ne nous enlèvent les ventes que faute d'une représentation de notre article sur place.

Fleurs et plumes.—Les fleurs et plumes sont d'excellents articles de vente au Canada. La consommation en est grande et avec de belles collections souvent renouvelées, on atteindrait un gros chiffre.

Parapluies, cannes et fouets.—Par contre, il y a peu à faire en parapluies, dont on se sert très peu. Des ombrelles de luxe et de demi-luxe y trouveraient leur placement. Les cannes et les fouets y sont de vente courante.

Cheveux.—Les Allemands ont accaparé le commerce des cheveux, dans lequel il ne semble pas qu'il y ait grandes chances de succès pour nos maisons ; mais les articles pour coiffeurs y seraient vendables.

Parfumerie.—La parfumerie française triplerait ses ventes au Canada, avec un peu de modération dans les prix ; de beaux assortiments et un peu de publicité pour répandre nos marques, lui amèneraient la majeure partie des affaires ; mais elle est présentée dans des conditions défavorables de prix, et quoique très appréciée n'est pas de vente courante.

Meubles.—Le Canada fabrique lui-même des meubles à des prix de bon marché si exceptionnel qu'il ne faut pas songer à y importer les nôtres, sauf des articles de fantaisie à considérer plutôt comme articles de Paris.

INSTRUMENTS DE MUSIQUE.—Nos fabricants d'instruments de musique y ont, croyons-nous, des relations établies, et quant aux pianos, l'article américain y tient le haut du pavé. Il y a bien peu à faire pour le facteur français.

HORLOGERIE.—Les garnitures de cheminée, pendules, flambeaux, et coupes en marbre, sont des articles très courus au Canada. Les mêmes objets en bronze-imitation s'y écouleraient aussi très-facilement. Les beaux articles y sont plus rarement demandés.

Il est indispensable que les sonneries des pendules soient sourdes ou genre Kong-Chinois.

Les réveils-matin y sont de bonne vente dans les prix moyens et inférieurs, ainsi que les montres en argent, argent doré, nickel ou nikelé; pour les hommes les gros modèles sont préférés.

BIJOUTERIE.—De beaux assortiments de chaînes dorées, argentées ou nickelées donneraient lieu à de nombreuses affaires, ainsi que de belles garnitures en bijouterie fausse, colliers, bracelets, boutons et épingles de cravates en modèles variés et de bon goût. Les broches sont de ventes moins courantes.

La bijouterie vraie et les montres en or se placent également bien au Canada, où l'on est loin de ne pas apprécier le beau et le bon.

BRONZES.—Nous ferons la même remarque pour les petits bronzes qui trouvent facilement acheteurs à l'approche des fêtes de Noël et du Jour de l'An, de même que de beaux jouets.

MAROQUINERIE.—En maroquinerie, les Etats-Unis et les Allemands ont accaparé le marché; mais des articles de très-bas prix, comme portefeuilles, porte-monnaies, sacs à main, et sacs de voyage pourraient aussi s'y vendre.

MALLES, VALISES.—Les malles et valises qui se fabriquent là-bas dans un style particulier au pays, seraient pour nous de placement difficile.

Les articles de bureaux de goût varié, y trouveraient place.

OPTIQUE.—La lunetterie et l'optique de provenance française

sont l'un des articles les plus touchés par la majoration des prix, causé par la multiplication des intermédiaires, sans laquelle elles augmenteraient facilement leur débouché.

Miroiterie.—La miroiterie, surtout dans l'article " glace à main " y est vendable, ainsi que de beaux articles montés ou en écrins.

Peignes, etc.—Les fantaisies et nouveautés en peignes de dames peignes à chignon, peignes grands et petits modèles, démêloirs, épingles de têtes variées genre écaille, imitation ou corne, s'y vendent bien, ainsi que quelques garnitures en écaille vraie.

Brosserie.—Toute la brosserie en général y est de vente courante, sauf la brosse à habit dont on ne se sert point au Canada, et qui y est remplacée par *l'époussette,*
Ces produits arrivent pour la plupart au Canada par l'intermédiaire des maisons anglaises qui les font frapper à leurs noms.

Porcelaines et cristaux.—Les porcelaines et les cristaux ainsi que les faïences y sont généralement importées d'Angleterre et des Etats-Unis. Nous pourrions aisément augmenter de beaucoup le chiffre d'affaires que nous y faisons, en les traitant nous-mêmes sur place.
Il en est de même de la verrerie et de la cristallerie ainsi que des glaces plates. Le consul d''Allemagne à Montréal entretient une ligne de steamers en grande partie avec des chargements de ce genre.
Les bronzes et ornements d'église sont presque les seuls articles pour lesquels nous faisons directement, sauf pour la reproduction des statues.

Articles de Fumeurs.—Les articles pour fumeurs, les longs bouts d'ambre en beau deuxième choix, se vendent couramment. Notre pipe en terre n'est pas accueillie avec faveur, mais la pipe imitation-écume, ainsi que les pipes en bois, à gros fourneaux, sont d'un usage très répandu.

Librairie.—La librairie se plaint beaucoup de notre manière d'opérer et regrette d'être obligée de passer par des correspondants anglais avec lesquels seulement elle peut être certaine d'être servie à temps. Les livres français sont très lus au Canada, mais il faut le dire, quelques maisons ont eu le tort de vouloir traiter *exclusivement* leurs affaires avec des clients particuliers, ce qui n'a pas peu contribué à mécontenter les libraires canadiens.

Ce genre de commerce qui se confond au Canada avec celui de la papeterie, en général, doit fixer notre attention.

CUIRS.—Les cuirs français de marque sont très demandés, ainsi que les produits de la mégisserie qui jouissent d'une grande réputation.

Nous ne pouvons envoyer au Canada que la chaussure de goût. On y fabrique mécaniquement des chaussures ordinaires dont le prix est de \$1 la paire. C'est-à-dire que ce genre de souliers pourrait bien plutôt nous être fourni par le Canada, qui de son côté, importe pour un million de francs de chaussures fines dont nous ne lui fournissons pas la trentième partie.

PRODUITS CHIMIQUES.—Nos produits chimiques et pharmaceutiques lutteraient avantageusement car nos spécialités sont appréciées lorsqu'elles se présentent sur le marché, mais elles restent, pour ainsi dire, inconnues.

QUINCALLERIE.—Dans la quincaillerie et la ferronnerie, si nos industriels connaissaient mieux les produits qui conviennent au Canada, les affaires pourraient être fort étendues, principalement dans les articles en cuivre et les fournitures en nickelé.

PRODUITS ALIMENTAIRES.—Enfin les produits alimentaires constituent l'une des branches dans lesquelles nous pourrions faire des affaires bien plus considérables, si des relations directes étaient constamment entretenues par une ligne régulière entre les deux pays. Tous les négociants canadiens de cette partie sont d'accord sur ces points.

On peut juger par ces informations si le champ est suffisamment vaste pour que nous y prenions une part plus large que celle que nous y occupons dans les 500,000,000 de frs. d'importation.

Les négociants canadiens sont très désireux de voir s'établir des relations suivies avec la France. N'ayant pas des représentants sur place, ce qui nous manque c'est une organisation permettant d'embrasser à pareille distance l'ensemble des opérations commerciales, de surveiller et de contrôler les livraisons dont on se plaint actuellement, de rechercher les ordres, d'aller au devant des demandes, d'asseoir enfin les bases d'une clientèle dont tous les éléments sont fournis par le concours des maisons de banque, qui n'ont pas hésité à faire preuve du plus grand bon vouloir à l'endroit de la France.

En ne mettant pas à profit de si précieux auxiliaires, nous ne pourrions nous en prendre qu'à nous-mêmes, si un marché qui devient d'année en année plus considérable nous était un jour complètement fermé par nos concurrents.

La merveilleuse prospérité *des quelques arpents de neige*, si dédaignés par Voltaire, doit cependant nous éclairer ; et cette leçon est assez bonne pour nous faire éviter la nouvelle faute de ne pas suivre les grandes vues de Colbert.

FIN

TABLE

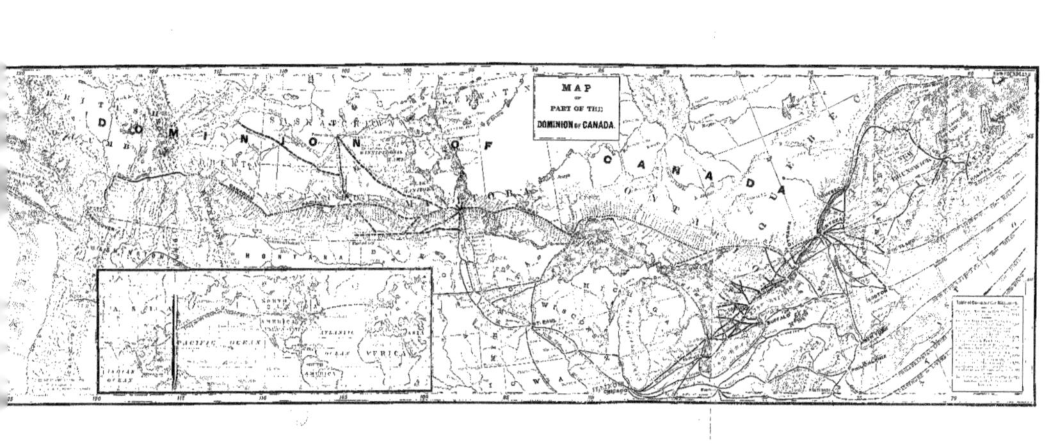
MAP
OF
PART OF THE
DOMINION OF CANADA.
DOMINION OF CANADA